CATALOGUE

DES PLANTES CRYPTOGAMES.

CATALOGUE

DES

PLANTES CRYPTOGAMES

RECUEILLIES

DANS LE DÉPARTEMENT DE LA LOIRE-INFÉRIEURE

Par Mr E. PRADAL.

NANTES,

IMPRIMERIE DE Mme Ve C. MELLINET.

1858.

INTRODUCTION.

E conatis ferre meis nisi præmia possum
Mi saltem cœpti gloria semper erit.

Depuis de longues années déjà la Flore de notre pays avait été explorée et étudiée, mais d'une manière assez imparfaite. Privés d'ouvrages spéciaux, éloignés du centre des lumières, obligés d'étudier nos plantes sur des Flores étrangères, guidés faiblement par l'expérience plutôt que par la science de M. Hectot, et par le catalogue assez incomplet de M. Pesneau, nous marchions bien timidement vers cette science si attrayante, qui donne un aspect si nouveau aux campagnes que l'on parcourt; lorsque M. Desvaux vint à Nantes avec une science si positive et si étendue, des collections riches et nombreuses, et une bibliothèque remarquable, alors nouveau chef d'école, nous nous réunîmes autour de lui. Nous n'oublierons jamais avec quelle bienveillance et quelle inépuisable patience il mettait à notre disposition et le résultat de ses longues études, et ses livres et ses collections. Bientôt après parut l'excellente Flore de M. Lloyd ; alors guidés par ces deux hommes d'élite, nous marchâmes d'un pas ferme et sûr dans la voie qu'ils nous avaient si bien tracée. La Flore vasculaire de notre pays était enfin connue.

N'est-ce pas une bien grande témérité de ma part de me placer auprès de tels talents, en vous présentant un essai de la Flore cryptogamique de notre département, Flore cryptogamique que je suis loin de croire complète. Ce ne sera donc pour vous comme pour moi qu'un premier jalon placé, auquel chaque jour viendra se joindre le résultat de nouvelles recherches.

N'ayant point la prétention de donner des descriptions aussi savanteset aussi complètes que celles de Duby (auteur dont j'ai suivi avec la plus scrupuleuse exactitude la classification), de De Candolle, de Chevalier, etc., à moins de les copier et de passer pour compilateur, je me suis contenté de faire un simple catalogue des plantes recueillies dans nos excursions communes, conservées dans mon herbier ; aidé des collections de l'abbé Delalande, et des renseignements que chacun de vous avez bien voulu me donner, en indiquant le plus exactement possible les synonimies, le nom des auteurs qui les ont décrites, les iconographies, les fascicules, et enfin les localités les plus positives.

Aidé de la belle collection des algues de l'infatigable et savant M. Lloyd, renseigné par lui sur quelques-unes de ces plantes, que probablement nous ne trouverons jamais sur nos côtes, je ne pouvais mieux faire que de les cataloguer en suivant la classification d'Harvey et d'Hassal.

Quelques algues de notre département manquent encore dans ce catalogue, mais pressé par le temps, et pour ne pas changer la nomenclature et l'ordre que j'ai suivis jusqu'à ce jour, j'ai préféré ne pas attendre la publication des troisdernières livraisons que M. Lloyd nous promet encore.

CATALOGUE

DES PLANTES CRYPTOGAMES

RECUEILLIES

DANS LE DÉPARTEMENT DE LA LOIRE-INFÉRIEURE.

———

Les Characées. L. C. Rich. Ad. Brongn.

CHARA VULGARIS. Duby, p. 533. Mougeot, 590. Les Cléons. Juin, septembre.

C. FRAGILIS. Desvaux. Coss. et Germ. Fl. par. Pl. XXXVIII. Vulgaris L. Dans une mare, près Thouaré.

C. TOMENTOSA. Duby, p. 532. Prairie de Mauves, les Cléons.

C. HISPIDA. Duby, p. 534. Fl. fr. 585. Aux Cléons.

C. CAPILLACEA. Desv. Fl. fr. 1462. Lac de Grand-Lieu. Juin.

C. **flexilis**. Braun. Mougeot, 591. Duby, f. 204. La Verrière. Juillet.

C. **translucens**. Desv. Pers. Nitella translucens. Coss. et Germ. Fl. par. p. 682, pl. xl. Près la forêt de Toufou, Machecoul, Lalande, Blain, plaine de Mazerolles. Juin et juillet.

C. **hyalina**. Duby, p. 534. Fl. fr. 1464. Les bords du lac de Grand-Lieu. Juillet et août.

C. **fallax**. Agardh. Desv. Lac de Grand-Lieu, près Saint-Aignan.

C. **glomerata**. Braun. Nitella glomerata. Coss. et Germ. Pl. xli. A la Basse-Indre. Desv.

C. **foetida**. Braun. Desvaux, vulgaris auct. non lin. Coss. et Germ. Pl. xxxvii. Ce Chara varie beaucoup, probablement suivant les localités; et, pour cette raison, suivant son aspect, MM. C. et Ger. ont fait les variétés suivantes : *hispidula*, *papillaris*, *longibracteata* et *densa*. Saint-Gildas, Lalande, Chéméré. Desvaux.

C. **tenuissima**. Coss. et Germ. p. xli. Entre Corsept et Saint-Brevin. Desvaux.

Equisétacées. Richard. DC. Fl. fr. p. 580.

EQUISETUM **arvense**. Lin. Mougeot, 201. Duby, p. 534. Sables de la Loire. Avril et mai.

E. **telmateya**. Ehrh. Fluviatile. Duby, 535, et Mougeot, 501. Eburneum de Roth. Aux Cléons. Mars et avril.

E. **palustre** L. Duby, 535. Mougeot, 202. De même que pour le précédent, quelques auteurs se sont plu à faire des variétés, suivant que la tige était nue ou ornée de feuilles, suivant qu'elle était ou non spicifère. Les marais de l'Erdre, etc.

E. LIMOSUM L. Duby, p. 535. Mougeot, 2. Marais de l'Erdre, Ancenis.

E. TUBEROSUM. Hectot. Ramosum, Schleicher. Diffère du précédent par son épis acuminé et sa racine portant des tubercules ovoïdes. Trouvé dans l'île Videment, par M. Pesneau. Vallée de la Loire. Lloyd.

E. HYEMALE L. Mougeot, 502. Pierre-Percée, vallée de la Loire. Lloyd.

Marsiléacées. Ad. Brongn.

MARSILEA QUADRIFOLIA L. Duby, 542. Mougeot, 306. Sucé, Pesneau. Nays, plaine de Mazerolles.

PILULARIA GLOBULIFERA L. Duby, 543. Mougeot, 10. Bul. 375. Thouaré, la Maillardière, Ancenis.

Isoétées. Linn. Gen. 1184.

ISOETES DELALANDEI. Lloyd. Quoique cette plante n'ait pas encore été trouvée dans le département, je ne peux m'empêcher d'en parler ici en mémoire de notre bon abbé Delalande, et de signaler la savante description qu'en a faite M. Lloyd, dans un petit ouvrage spécial et dans son excellente Flore des départements de l'Ouest.

Lycopodiacées. Richard. DC. Fl. fr. p. 571.

LYCOPODIUM clavatum L. Duby, 543. Mougeot, 203. Endroits ombragés ; pont du Cens, la Verrière, environs du pont de Forges. Août, juillet.

L. inund'atum L. Mougeot, 102. Près du Port-Saint-Père. Pesneau. Forêt d'Ancenis. Guilho.

Fougères. Brown. Prod. 145. DC. Fl. fr. p. 546.

OPHIOGLOSSUM vulgatum L. Duby, p. 536. Mougeot, 502. DC. 1438. Prés humides, prairie de Mauves, près de Bellevue, les Cléons, Machecoul.

OSMUNDA regalis L. Sp. Duby, p. 536. Mougeot, 204. DC. 1436. Vallée du Petit-Port, étang de la Verrière, Nays, et en général tous les marais de l'Erdre, Châteaubriant. Moridc.

GRAMMITIS ceterach. Sw. Lloyd. Ceterach officinarum. DC. 1433. Wild. Duby, 586. Mougeot, 401. Bul. 383. Les vieux murs, Vertou, Clisson, l'Ébaupin, etc.

POLYPODIUM. Adan. DC. Fl. fr. 564.

P. vulgare L. Duby, 537. Mougeot, 103. Sur les vieux murs, les troncs d'arbre, etc.

POLYSTICHUM. Roth. Germ. 3, p. 76. DC. Fl. fr. 2, p. 559. Hypopeltis Rich.

P. thelipteris. Roth. Acrostichum L. Aspidium. Swartz. Mougeot, 402. Boire de la Verrière, les Cléons.

P. FILIX. Mas. Roth. Duby, p. 538. Polypodium L. Aspidium Sw. Mougeot, 7. Fougère mâle. Le bord des fossés, les bois.

P. SPINULOSUM DC. Aspidium dilatatum Sw. Nephrodium. Desvaux. Polystichum dilatatum Duby. Aspidium Swartz. Mougeot, 403. A Clisson et dans un rocher de la vallée de Petit-Port.

P. OREOPTERIS DC. Aspidium Sw. Mougeot, 6. Saint-Gildas. Lalande, RR.

ASPLENIUM. Smith Brit. 3, p. 1126. DC. Fl. fr. 553.

A. FILIX FOEMINA. Bernh. Aspidium Swartz. Mougeot, 105. Fougère femelle. Bois, fossés, lieux ombragés, ruissseaux de Petit-Port.

A. TRICHOMANES L. Duby, p. 540. Mougeot, 107. Capillaire, vieux murs, C. A Clisson, Saint-Sébastien, l'Ébaupin.

A. MARINUM L. Duby, p. 539. Saint-Nazaire, côte maritime, à Saint-Mars, jusqu'au Pouliguen.

A. ADIANTUM NIGRUM L. Duby, p. 539. Mougeot, 9. Dans les rochers, l'intérieur des fontaines ombragées, Grillaud, le Tertre, etc.

A. LANCEOLATUM. Smith. Duby, 539. A la Contrie, Mauves.

A. RUTA MURARIA L. Sp. Duby. 539. Mougeot, 209. Clisson, Vertou, Liré, l'Ebaupin.

A. SEPTENTRIONALE. Hoff. Sw. Mougeot, 8. Acrostichum, L. Sur un mur, à Chantenay. RR. Desvaux, Lloyd.

SCOLOPENDRIUM. Smith. Duby, 540. DC. Fl. fr. 551.

S. OFFICINALE L. Duby, p. 540. Mougeot, 108. Les fontaines, les vieux puits.

BLECHNUM. Smith. DC. Fl. fr. 551. Osmonda Sp. L.

B. SPICANT. Roth. Duby, 541. Mougeot, 190. Osmunda L. Le vieux chemin d'Orvault, la fontaine de l'avenue d'Orvault, la Vrillière.

PTERIS. Smith. DC. Fl. fr. 549.

P. AQUILINA L. Duby, 541. Mougeot, 102. CC. Partout, surtout surles coteaux de Petit-Port.

Mousses.

POLYTRICHUM L. Gen. 1292. Duby, 546. Hedw.

P. JUNIPERINUM. Hedw. Brid. Hook. Brebisson, 41. Mougeot, 417. P. Juniperifolium. Hoff. DC. Supp. 224. P. commune Var. b. L. Entrée de la forêt de Toufou, bruyères et fossés, dans les bois. Printemps.

P. PILIFERUM. Hedw. Schreb. DC. Fl. fr. 1273. Mougeot, 128. P. commune Var. g. L. Bruyères et coteaux secs, à la Contrie. Hiver et printemps.

P. COMMUNE. Hedw. Brid. DC. Fl. fr. 1272. Brebisson, 40. Mougeot, 415. Lieux marécageux, bois et bruyères humides. Printemps.

P. VAR. a. YUCCOEFOLIUM. Hook. Tayl. Ehrh.

Duby, p. 540. Mêmes localités que le précédent,
Clisson.

P. **var. c. attenuatum**. Hook. Taylor. Duby,
546. Formosum, Hedw. Aux Dervallières, dans
la vallée, sur le bord du ruisseau.

P. **urnigerum** L. Brid. DC. Fl. fr. 1280.
Brebisson, 43. Mougeot, 28. Orvault, Sautron.

P. **aloïdes**. Brid. DC. Fl. fr. 1271. Breb. 180.
Mnium polytrichoïdes b. Lin. Dill. t. 55, f. 7.
Carrières de la Contrie.

P. **nanum**. Hook. Hedw. P. Subrotundum
huds. Duby, 547. Fl. fr. DC. 1269. P. Pumilum
Sw. Une avenue sur la route de Vannes.

OLIGOTRICHUM. DC. Fl. fr. 493.

O. **undulatum**. Hedw. Catharinea undulata.
Brid. Dill. Musc. t. 46, f. 18. A Petit-Port.

BARTRAMIA. Hedw. Musc. Frond. 2. P. III.
Brid. Musc. 4, p. 128.

B. **pomiformis**. Hook. Musc. Brit. t. 23. Duby,
p. 547. Breb. 135. Var. Major. Hook. B. Crispa,
Brid. Schw. b. var Minor, Hook. Bryum
pomiforme. Lin. Bois et bords des chemins.
Printemps.

B. **fontana**. Schwægr. Hook. DC. Fl. fr.
1320. Breb. 82. Moug. 36. Philonotis fontana.
Brid. Mnium fontanum. Lin. Sp. 1574. Dill. t.
44, f. 2. Hab. landes et prés marécageux, près
la forêt de Toufou. Printemps.

FUNARIA. Schreb. 1650. Hedw. Brid. Musc.
22.

F. HYGROMETRICA. Brid. DC. Fl. fr. 1280. Breb. 63. Duby, 548. Mnium hygrometricum Lin. Vaillant, t. 26, f. 16. Dill. t. 52, f. 35. Hab. le bord des ruisseaux, les murs humides, les fossés.

F. MUHLENBERGII. Brid. DC. Fl. fr. 1290. Brebisson, 64. Mougeot, 726. Hab. sur les rochers, à l'Ebaupin. Printemps.

F. AUREA. Desvaux, non Duby. Hab. une avenue sur la route de Vannes. Mars.

ZYGODON. Hook. et Tayl. p. 70.

Z. VIRIDISSIMUM. Brid. Huben. p. 388. Breb. 161. Moug. 1017. Dicranum Smith. Gymnostomum Engl. Bot. 1583. Duby, 581,, 15. Hab. troncs d'arbres à Ancenis.

Z. CONOÏDEUM. Hook. Taylor, Duby, p. 548. Huben Bryum conoïdeum Dicks. Mougeot, 721. Hab. troncs d'arbres, forêt de la Guerre et Pierre-Meulière, à Ancenis.

Z. SPLACHNOÏDEUM. Desv. non Auct. Hab. troncs d'arbres, Portcreau.

BRYUM. Hook. et Tay. p. 115.

B. ANDROGINUM. Hedw. Duby, 549. Gymnocophalum androginum. Rich. Mnium androginum. Eng. Bot. t. 1238. Dill. Musc. t. 31. Hab. à l'entrée de la grotte d'Héloïse à Clisson. Avril.

B. PALUSTRE. Sw. Musc. Suec. 46. Duby, 549. Mougeot, 135. Hab. forêt de Toufou.

B. LIGULATUM. Schreb. Swartz. Breb. 59. DC. Fl. fr. 1315. B. Polla Brid. Mnium undulatum.

Hedw. Hab. à Petit-Port, près du petit ruisseau.

B. **hornum**. Schreb. Swartz. Duby , 550.
Breb. 38. Mnium hornum Lin. Hedw. Bryum
stellatum. DC. Fl. fr. 1310. Hab. bois et coteaux
humides. Printemps.

B. **cuspidatum**. Schreb. DC. Fl. fr. 1313.
Duby , 550. Breb. 12. Mougeot, 621. Mnium.
Cusp. Hedw. M. Serpyllifolium. Lin. Hab. Por-
tereau. Avril.

B. **punctatum**. Schreb. DC. Fl. fr. 1311.
Breb. 11. Mougeot, 136. Mnium punctatum.
Hedw. M. Serpyllifolium Lin. Hab. lieux hu-
mides et ombragés, pont Marchand, près Orvault,
Petit-Port.

B. **argenteum**. Schreb. Brid. Breb. 85. DC.
Fl. fr. 1300. Hab. commun sur les murs, les
toits, les fossés secs. Printemps.

B. **capillare** L. Hedw. Spreng. Dill. t. 50.
f. 67. Breb. 157. Mougeot, 33. Duby, 551.
Hab. sur les vieux murs, les rochers, route de
Rennes.

B. **ludwigii**. Ludw. Schw. Duby, 551. Mougeot, 831. Hab. forêt de Toufou.

B. **ventricosum**. (Diks. Crypt. Fasc. 1, p. 4).
Duby, 551. B. Bimum Schreb. Hab. Sautron.
Mai.

B. **annotinum**. (Hedw. Sp. t. 43). Duby, 551.
Mougeot, 928. Hab. commun sur les fossés, les
vieux murs.

DALTONIA. Hook. et Tayl.

D. HETEROMALA. Brid. t. 22. Duby, 553. Breb. 176. Mougeot, 732. Nekera heteromulla. Hedw. Hab. troncs d'arbres ombragés. Printemps.

NEKERA. Arn. Disp. Meth. p. 51. Anomodon. Hook et Tayl.

N. PUMILA. Hedw. Mougeot, 429. Smith. DC. Fl. fr. Suppl. p. 236. Breb. 30. Hypnum pennatum. Dicks. Fasc. 1, t. 1. Hab. dans les bois, sur les troncs d'arbres, forêt du Gâvre. Hiver.

N. VITICULOSA. Hedw. DC. Fl. fr. 1392. Breb. 1. Duby, 553. Mougeot, 47. Anomodon Viticulosum Hook. Musc. Brit. p. 79. Hypnum Viticulosum. Linn. Hab. aux Cléons.

N. CURTIPENDULA. Hedw. Duby, 553. Anomodon curtipendulum Hook. Musc. Brit. t. 22. Hab. sur les murs, près Orvault.

N. CRISPA. DC. Fl. fr. 1394. Hedw. Brid. Breb. 29. Duby, 553. Hypnum Crispum Linn. Hab. Clermont, Liré, sur les troncs d'arbres et les rochers.

FONTINALIS. Hdw. Duby, 553.

F. ANTIPYRETICA. Linn. Hedw. Duby, 553. Breb. 51. DC. Fl. fr. 1397. Dill. t. 33, f. 1. Vaill. t. 33. Hab. au fond des eaux claires et courantes sur les pierres, les racines d'arbres, sur les pierres de la cascade de la Perveril, à Sautron, etc., etc. Mauves et Thouaré. Lalande.

F. SQUAMOSA. Linn. Hedw. DC. Fl. fr. 1398. Breb. 52. Mougeot, 430. Duby, 554, Dill. t. 3,

f. 3. Hab. dans les ruisseaux, à Sautron, Orvault, etc.

HOOKERIA. Smith. Duby, p. 554. Pterigo-
phyllum Brid.

H. LUCENS. Smith. Hook. Duby. 554. Mougeot,
40. Leskea Lucens. DC. Fl. fr. 1324. Hypnum.
Lucens Linn. Zenk. et Dict. Musci Thur. Hab. le
bord des ruisseaux. C. sur le ruisseau de la Poignardière, près la Verrière.

HYPNUM. L. Gen. 1295. Hook et Tayl. Musc.
Brit. p. 91, t. 3.

H. COMPLANATUM. Linn. Hook. Dill. t. 34, f.
7. Leskea Complanata Schwœgr. Breb. 31.
Mougeot, 328. Hab. troncs d'arbres, murs et rochers, Petit-Port. Printemps.

H. TRICHOMANOÏDES. Schreb. Dill. t. 34, f. 8.
Leskea Trichomanoïdes. Breb. 32. Mougeot, 139.
Hab. au Portereau, les troncs d'arbres et les ro-
chers.

H. DENTICULATUM. Linn. DC. Fl. fr. 1390.
Duby, 554. Breb. 4. Mougeot, 46. Hook. Musc.
Brit. p. 92. Hypnum Sylvaticum. Linn. Brid.
Mougeot, 515. Hab. dans les bois, au pied des
arbres, à Petit-Port et sur les rochers de Barbe-
Bleue. Eté.

H. RIPARIUM. Linn. Duby, 554. Mougeot,
426. Hypnum longifolium. Dill. Musc. 40, f. 44.
Hab. dans la fontaine du Tertre et au Portereau.

H. UNDULATUM. Linn. Hedw. Brid. DC. Fl.
fr. 1388. Breb. 3. Dub. 554. Mougeot, 45. Hab.
les lieux ombragés, la Perverie. Delalande.

H. DENDROÏDES. Linn. Musc. Brit. 1, 26. Duby, 554. Leskea dendroïdes. Hedw. Climacium Dendroïdes. Webr. Schwœgr. Mougeot, 138. Hypnum Linn. Dill. t. 43, f. 48. Hab. bois et prés humides, à Belle-Ile-sur-Erdre.

H. ALOPECURUM. Linn. Hedw. Sp. 237. DC. Fl. fr. 1376. Duby, 555. Breb. 5. Mougeot, 144. Hab. sur les rochers, au Portereau. Printemps.

Les *Hypnum molle*, *Stramineum* et *Trifarium* n'ont pas encore été trouvés dans le département.

H. PURUM. Linn. Hedw. Brid. Duby, 555. DC. Fl. fr. 1342. Breb. 2. Mougeot, 44. Hab. bois et prairies. Automne. CC.

H. SCHREBERI. Wild. Brid. Schwœgr. Hook. Breb. 56. Duby, 555. Mougeot, 43. H. Muticum, Sw. DC. Fl. fr. 1341. Vaill. t. 29, f. 10. Dill. t. 40, f. 47. Hab. bois et bruyères, au Portereau. Hiver.

H. MURALE. Diks. Hedw. Brid. DC. Fl. fr. 1385. Dill. t. 41, f. 42. Duby, 556. Breb. 80. Mougeot, 145. Hab. sur les murs et les toits, - chemin de l'Ebaupin.

H. SERPENS. Linn. Hedw. Brid. Schwœgr. Duby, 556. Breb. 155. Mougeot, 332. Dill. t. 42, f. 64. Vaill. t. 28, f. 6. Hab. à la Houssinière, au pied des arbres, au rocher d'Enfer, sur l'Erdre, et sur les pierres. Printemps.

H. PLUMOSUM. Schwœgr. DC. Fl. fr. 1371. Duby, 556. Non Hedw. Mougeot, 520. Hypnum pseudo plumosum. Breb. 81, Hab. sur les rochers humides, sur un mur de la rue Saint-Clément.

H. SERICEUM. Linn. Sp. 1595. Duby, 556 Leskea Sericea Hedwi. DC. Fl. fr. 1331. Breb. 10. Mougeot, 225. Hab. sur les murs, les rochers, les toits. CC.

H. LUTESCENS. Schreb. Duby, 556. Mougeot, 334. Hedw. Hook. Musc. Brit. t. 25. Dill. t. 42, f. 50. Hab. sur les rochers arides, à Carcouet.

H. ALBICANS. Neck. Hedw. Brid. DC. Fl. fr. 1369. Breb. 8. Mougeot, 236. Duby, 557. Hab. au pied des arbres, à Clisson. Avril.

H. PENNATUM. Diks Nekera pumila. Hedw. Mougeot, 429. Breb. 30. Duby, 553. DC. Fl. fr. suppl. 236. Hook. Musc. Br. p. 78, t. 22. Hab. dans les bois, sur les troncs d'arbres, les Dervallières. Pesneau.

H. SPLENDENS. Hedw. DC. Fl. fr. 1335. Duby, 557. Breb. 57. Mougeot, 42. H. Parietinum. Linn. Sp. 1590. Swartz. Vaill. t. 29, f. 1. Dill. t. 35, f. 13. Hab. bois et coteaux ombragés, chemin de la Paquelais, Pesneau. Clermont, Orvault.

H. TAMARISCINUM. Hedw. DC. Fl. fr. 1334. Brid. Bryol. univ. 2, p. 438. H. Proliferum. Linn. Sp. 1592. Duby, 557, 28. Hook. Dill. t. 35, f. 14. Hab. bois, vergers. CC. Hiver et printemps.

H. ILLECEBRUM. Lam. Dict. 3, p. 174. DC. Fl. fr. 1343. Hab. sur les arbres. Pesneau.

H. STRAMINEUM. Diks. Schwœgr. Brid.-Spreng. Duby, 555. Breb. Mougeot, 516. Hab. landes marécageuses. Pesneau.

H. MYURUM. Poll. Brid. suppl. 2, p. 146. DC. Fl. fr. 1374. Duby, 557, 29. Breb. 6. H. Curvatum Sw. H. Myosuroïdes Hedw. Sp. 266. Hab. sur les arbres, les rochers. Pesneau. Hiver.

H. MYOSUROIDES. Linn. Brid. suppl. 2, p. 148. DC. Fl. fr. 1375. Non Hedw. Duby, 557, 30. Hab. sur les rochers, au Portereau, à la Maillardière. Mars et avril.

H. PROELONGUM. Linn. DC. Fl. fr. 1337. Hedw. Brid. Dill. t. 35, f. 15. Duby, 558, 31. Breb. 76. Mougeot, 422. Vaill. t. 22, f. 9. Hab. commun sur la terre, dans les fossés, les bois, au pied des arbres. Toute l'année.

H. SYLVATICUM. Linn. DC. Fl. fr. 1389. Mougeot, 515. Hab. les bois de l'Ebaupin. Pesneau. Petit-Port.

H. PILIFERUM. Schreb. Hedw. Musc. Brit. t. 25. Duby, 558, 34. Mougeot, 624. Hab. taillis du Portereau, sur les arbres. Printemps.

H. RUTABULUM. Linn. Hedw. Brid. DC. Fl. fr. 1368. Duby, 558, 35. Breb. 79. Mougeot, 143. Dill. t. 38, f. 29. Hab. commun sur la terre, les murs, les toits, les arbres. Saint-Colombin, Petit-Port, etc.

H. VELUTINUM. Linn. DC. Fl. fr. 1382. Duby, 558, 36. Hedw. Dill. Musc. t. 42, f. 61. Hab. les bois, les prés, au Tertre.

H. RUSCIFORME. Weiss. Brid. DC. Fl. fr. 1386.

Duby, 559, 39. H. Ruscifolium Neck. Hook.
H. Riparioïdes Hedw. Mougeot, 427. Dill. t.
38, f. 31. Hab. la cascade de la Perveril et
celle du pont Marchand, à Orvault. Mai.

H. STRIATUM. Schreb. Hedw. DC. Fl. fr. 1366.
Hook. Duby, 559, 40. Breb. 35. Mougeot, 142.
H. Longirostrum. Ehrh. Brid. Dill. t. 38, f. 30.
Hab. bois et vergers, ancien passage de Petit-
Port. Printemps.

H. CUSPIDATUM. Linn. Hedw. DC. Fl. fr. 1339.
Duby, 559, 42. Mougeot, 227. Hypnum Stereodon Cuspidatus. Brid. Bryol. univ. 2, p. 562.
Dill. t. 39, f. 34. Hab. toutes les prairies humides. CC.

H. CORDIFOLIUM. Hedw. DC. Fl. fr. 1340.
Duby, 559, 43. Brebisson, 54. Mougeot, 518.
H. Stereodon Cordifolius. Brid. Bryol. univ. 2,
p. 565. Hab. étangs et fossés, la Verrière. Printemps.

H. LOREUM. Linn. Hedw. Brid. DC. Fl. fr.
1361. Duby, 559, 44. Breb. 36. Mougeot, 232.
Dill. t. 39, f. 40. Vaill. t. 25, f. 2. Hab. le Portereau, la Maronnière. Pesneau. Clermont, etc.

H. STELLATUM. Schreb. DC. Fl. fr. 1364. Duby,
559, 45. Breb. 77. Mougeot, 234. H. Stereodon
Stellatus. Brid. Bryol. univ. 2, p. 600. Dill. t.
39, f. 35. Hab. marais et prés humides, Dervallières.

H. SQUARROSUM. Linn. Hedw. Brid. Fl. fr.
1362. Duby, 560, 49. Dill. t. 29, f. 38. Var.
Minus. Mougeot, 233. Breb. 37. Hab. les bois,
Clermont, le Portereau. C.

H. **brevirostrum**. Ehrh. Brid. suppl. 2, p. 195. Schw. DC. Fl. fr. supp. p. 231. Vaillant, t. 23, f. 2. Duby, 560, 50. Breb. 34. Mougeot, 423. Hab. dans les bois, au pied des arbres, sur les rochers, à Petit-Port. R.

H. **triquetrum**. Linn. Hedw. Brid. DC. Fl. fr. 1367. Duby, 560 , 51. Breb. 33. Mougeot, 225. Hab. Clermont , le Portereau, Vertou, etc. C. Mars.

H. **attenuatum**. Dicks. Crypt. 2, p. 13. Duby, 560, 53. Leskea attenuata. DC. Fl. fr. 1333. Hedw. Brid. Musc. 3 , p. 39. Hab. Petit-Port, arbres et rochers.

H. **filicinum**. Linn. Hedw. Hook. Mougeot, 228. Duby, 560, 56. Engl. Bot. 1570. Hab. les pierres, au bord des ruisseaux, fontaine de la Poignardière , Saint-Brévin. Delamarre. Printemps. R. La variété *Spicatum* m'a été donnée par M. Desglands.

H. **commutatum**. Hedw. Dill. t. 36, f. 19. Duby, 561, 57. Breb. 126. Mougeot, 523. Hook. Hab. lieux marécageux, Sautron. Printemps.

H. **aduncum**. Duby, 561, 59. Hedw. H. Diastrophyllum Fl. fr. 1358. Scorpioïdes. Brid. Bryol. univ. 2 , p. 697. Lycopodioïdes. Dill. Mougeot, 628. Hab. Saint-Gildas. Delalande.

H. **fluïtans**. Linn. Duby, 561, 60. Mougeot, 526. Hedw. Brid. Musc. 3, p. 182 Fl. fr. DC. 1355. H. Flagelliforme. Linn. Dict. 3, p. 173. Hab. les marais de la Verrière.

H. **palustre**. Linn. DC. Fl. fr. 1354. Linn.

Dict. 3, p. 171. Brid. Musc. 3, p. 117. Mougeot, 521. H. Luridum Hedw. Dill. Musc. t. 37, f. 27. Hab. le bord des ruisseaux, à Sautron. Mai. Ruisseau de Grilleau. Pesneau.

H. UNCINATUM. Hedw. Fl. fr. 1351. Sp. Musc. p. 289. Eng. Bot. t. 1600 Musc. Brit. t. 26. Hab. Sautron, au pied des arbres. Mai.

H. RUGOSUM. Hedw. Duby, 561, 63. H. Rugulosum. Web. et Mohr. Mougeot, 231. H. Stereodon rugosus. Brid. Br. univ. 2, p. 633. Breb. 129. Ce dernier auteur dit que la fructification lui est encore inconnue. MM. Desvaux, D. Bourgault et moi, nous l'avons trouvé très bien fructifié près du moulin de la Conterie. Février 1845.

H. CUPRESSIFORME. Linn. Hedw. Hook. Duby, 562, 67. Mougeot, 229. H. Stereodon cupressiformis. Brid. Br. univ. 2, p. 605. Dill. t. 27, f. 23. Var. Lacunosum, Hoff. V. Suffocatum, Nob. V. Filiforme, Brid. V. Tenue, Hook. H. Polyanthos. Engl. Bot. t. 1664. (non Schreb.) Hab. les bois, les pierres, sur la terre et les troncs d'arbres. Automne. CC.

H. INCURVATUM. (Schrad. Crypt. n. 80). DC. Fl. fr. 1353. Brid. Musc. 3, p. 119. H. Leskioïdes. Brid. Hab. une carrière abandonnée, à Orvault.

H. POLYANTHOS. Schreb. Duby, 56, 69. Leskea polyantha. Hedw. Mougeot, 39. DC. Fl. fr. 1329. Dill. Musc. t. 42, f. 62. Hab. sur les arbres, bois de l'Ebaupin. Pesneau. R.

H. MOLLUSCUM. Hewd. Duby, 562, 70. Eng. Bot. t. 1327. Musc. Brit. t. 27. Mougeot, 141. Hab. les bois humides, au Portereau.

H. CRISTA CASTRENSIS. Linn. Hedw. Duby, 562, 71. Sp. Musc. p. 287. t. 76. Mougeot, 140. H. Hedwigii. DC. Fl. 1348. Hab. les bois humides. Pesneau.

LEUCODON. Schw. supp. p. 2, p. 1. Hook et Tayl.

L. SCIUROÏDES. Schwœgr. Hook. Duby, p. 562, Breb. 27. Mougeot, 321. Dicranum sciuroïdes. Swart. DC. Fl. fr. 1254. Fissidens sciuroïdes. Hedw. Hypnum sciuroïdes. Linn. Hab. les arbres, les rochers de la Haie-Fouassière, la Ramée, rochers de la Pétière, près Saint-Fiacre.

PTERYGINANDRUM. Hedw. Pterogonium. Sw. Schw. Hook. et Tayl.

P. GRACILE. Hedw. DC. Fl. fr. 1217. Duby, 563. Mougeot, 817. Pterogonium gracile Sw. Hook. Hypnum gracile. Linn. Hab. les troncs d'arbres, au pont du Cens, au Portereau.

TORTULA. Schreb. n. 1647. Hook. et Taylor. Tort. ou barbula. Hedw.

T. RIGIDA. Turn. Musc. Hib. p. 43. Engl. Bot. t. 180. Duby. 564. DC. Fl. fr. 1263. Barbula rigida. Hedw. Mougeot, 613. T. Enervis. Hook. et Grev. Hab. les vieux murs, les coteaux secs.

T. CONVOLUTA. Sw. Musc. Succ. 41. Duby, 564, 3. Engl. Bot. t. 2382. Barbula convoluta. Hedw. Brid. Schwœgr. Breb. 184. Mougeot, 716. Hab. murs et sols arides. Printemps.

T. REVOLUTA. Web. et Mohr. 210. Duby, 564, 4. Barbula revoluta Brid. Schwœgr. sup.

t. 32. Spreng. Mougeot, 218. Hab. vieux murs et sols arides. Printemps.

T. TORTUOSA. Schrad. 54. DC. 1261. Duby, 564, 5. Brid. Musc. 2, p. 189. Barbula tortuosa. Mougeot, 304. Schw. supp. t. 33. Bryum tortuosum. Lin. Hab. Clisson, Varades, sur les rochers. Hiver.

T. MURALIS. Hedw. DC. Fl. fr. 1260. Duby, 564, 8. Barbula muralis. Mohr. Brid. Breb. 22. Mougeot, 127. Hab. les vieux murs, les rochers. CC.

T. RURALIS. Sw. Musc. 39. Duby, 565, 9. DC. Fl. fr. 1262. Barbula ruralis. Mougeot, 26. Bryum rurale. Linn. Hab. sur la terre, les rochers, à la Conterie. Var. A, vulgaris. Hook et Grev. V. C. lœvipila. Hook et Grev. Schw. supp. t. 120. Hab. Clisson, rochers, au pied du petit temple.

T. SUBULATA. Hedw. Sp. Musc. t. 27. DC. Fl. fr. 1258. Duby, 565, 12. Barbula subulata. Mougeot, 126. Hab. au pied de la tour de la Verrière.

T. UNGUICULATA. Hedw. Duby, 565, 13. DC. Fl. fr. 1265. Hook. Dill. t. 48, f. 48, 49. Barbula unguiculata. Hedw. Breb. 103. Mougeot, 27. Hab. murs, avant les Dervallières. Hiver.

T. CUNEÏFOLIA. Roth. Germ. 3, p. 213. Hook. Duby, 565, 14. Dill. t. 45, f. 15. Barbula cuneïfolia. Web. et Morhr. Breb. 105. Mougeot, 919. Diksoniana Schultz. Hab. sur la terre argileuse des fossés. Hiver.

1*

T. FALLAX. Sw. Musc. Suec. p. 40. DC. Fl. fr. 1266. Hook. et T. Duby, 564, 15. Barbula Fallax. Hedw. Musc. Frond. t. 24. Schwœgr. Brid. Hab. sur un vieux mur de la route de Rennes.

DIDYMODON. Sw. Musc. Suec. 28. Hook. Musc. Brit. t. 2.

D. PURPUREUM. Hook. Dicranum purpureum. Hedw. DC. Fl. fr. 1248. Mnium purpureum Linn. Ceratodon purpureus Brid. Bryol. Univ. 1, p. 480. Dill. t. 49, f. 5. Hab. sur la terre, les murs, les fossés. CC. Printemps.

D. OBSCURUM. Kaulf. Schw. Duby, 566, 6. D. Bruntoni. W. Arn. Hoock. Musc. Brit. éd. 2, p. 117, t. 4. Breb. 113. Weissin Cirratha, Mougeot, 406. Hab. les rochers à Clisson, au Portercau.

D. CAPILLACEUM. Sw. Musc. Succ. 28. Duby, 566, 7. DC. Fl. fr. 1123. Musc. Brit. t. 20. Swartia Capillacea Hedw. Cynoduntium Capillaceum Schw. Hab. la Verrière. Delalande.

D. PALLIDUM. Paliss. B. W. Arn. Duby, 567, 13. Breb. 65. Trichostomum Pallidum Hedw. Brid. DC. Fl. fr. 1227. Mougeot, 118. Dill. t. 49, f. 57. Hab. ruisseau de la rue du Bocage, Saint-Gildas. Delalande.

DICRANUM. Schreb. Gen. pl. 1544. Hook. Musc. Brit. p. 48, t. 2.

Sect. I. — FISSIDENS. Hedw. Musc. 2, p. 91.

D. VIRIDULUM. Sw. Musc. Suec. p. 32, t. 2, f. 3. Duby, 567, 1. DC. Fl. fr. 1255. Dill. t.

34 , f. 1. Dicranum bryoïdes Roth. Fissidens bryoïdes. Hedw. Breb. 88. Mougeot, 216. Hab. bois et fossés, sur la terre argileuse rouge. A Clisson, au Portereau. La Var. A exile. Arn. Duby, a été cucillie sur un fossé, à l'Ébaupin. C'est le Fissidens exiliis d'Hedw.

D. ADIANTOÏDES. Swartz. DC. Fl. fr. 1257. Duby, 567, 2. Fissidens adiantoïdes. Hedw. Brid. Schwœg. Mougeot, 25. Breb. 86. Hypnum adiantoïdes. Linn. Skitophyllum adiantoïdes. Dill. t. 34, f. 3. Hab. Clisson, la Contrie, Saint-Aignan. Pesneau. Printemps. R.

D. TAXIFOLIUM. Swartz. DC. Fl. fr. 1256. Duby, 568, 3. Fissidens taxifolius. Hedw. Brid. Mougeot, 217. Hypnum taxifolium Linn. Dill. t. 34, f. 1. Hab. fontaine de l'Ébaupin, Clisson. Printemps.

Sect. II. -- EUDICRANUM. Dicranum. Hedw. Musc. 2, p. 91.

D. GLAUCUM. Hedw. DC. Fl. fr. 1247. Brid. Duby, 568, 4. Mougeot, 23. Bryum Glaucum Linn. Vaill. t. 26, f. 13. Dill. t. 46, f. 20. Hab. les bois, au pied des arbres, la Houssinière. Printemps.

D. UNDULATUM. Turn. Musc. Bib. p. 59. Duby, 569, 14. Musc. Brit. t. 18. D. Polysetum. Mougeot, 316. Sw. Musc. Suec. t. 11, f. 5. Hab. les bois de l'Ébaupin, la Houssinière.

D. SCOPARIUM. Hedw. Brid. Duby, 569, 15. Breb. 19. Fl. fr. 1235. Mougeot, 120. Bryum Scoparium. Linn. Hab. sur la terre, les rochers, les arbres, CC. au printemps et en automne.

D. MAJUS. Turn. Engl. Bot. 1490. DC. Fl. fr. Suppl. Breb. 18. Mougeot, 1014. Duby en fait une variété β de la précédente. D. Polysetum Linn. Hab. les mêmes localités que le Scoparium.

D. HETEROMALLUM. Hedw. DC. Fl. fr. 1237. Breb. 68. Brid. Mougeot, 121. Duby, 568, 19. Bryum Heteromallum. Linn. Vail. t. 27, f. 7. Dill. t. 47, f. 37. Hab. la terre, les arbres. Automne.

D. LONGIROSTRUM. Hedw. Sp. Musc. Suppl. 1, p. 170. DC. Fl. fr. 1236. Mougeot, 411. Hab. les bords de l'Erdre. Pesneau.

D. PULVINATUM. Swartz. Musc. Suec. DC. Fl. fr. 1255. Bryum Pulvinatum. Linn. Hab. les murs, les toits.

D. VARIUM. Hedw. DC. Fl. fr. 1239. Mougeot, 412. Breb. 90. Bryum simplex. Linn. Dill. t. 50, f. 59. Hab. sur le chemin de la Contrie.

WEISSIA. Hedw. Musc. 2, p. 90. Brid. Sp. Musc. 1, p. 103. Museol. Brit. t. 2.

W. LANCEOLATA. Brid. Hook. Duby, 570, 2. Breb. 91. Leersia Lanceolata. Hedw. Grimmia Lanceolata. Mougeot, 310. DC. Fl. fr. 121. C. Coscinodon Lanceolatus Brid. Bryum. L. Dicks. Hab. la Houssinière, la Quarterie.

W. CONTROVERSA. Hedw. Schwœgr. Hook. Duby, 571, 7. Breb. 146. Mougeot, 16. Nees und Horns. Br. Germ. t. 27, f. 7. W. Viridula. Brid. Hab. Petit-Port, la Houssinière, murs.

W. CIRRHATA. Hedw. DC. Fl. fr. 1204. Duby, 571, 8. Breb. 114. Mougeot, 907. Mnium Cirrhatum. Linn. Dill. t. 48, f. 42. Hab. sur les rochers du Portereau, rochers de Pontchâteau. Delalande.

W. CRISPULA. Hedw. Sp. t. 12. Duby, 571, 9. Mougeot, 812. Grimmia Crispula. Eng. Bot. t. 2203. Weissia Atra Schl. Hab. les carrières de la Contrie.

W. CURVIROSTRA. Swartz. DC. Fl. fr. 1207. Duby, 571, 10. Breb. 116. Mougeot, 611. Hook. Weissia recurvirostra. Hedw. Dill. t. 48, p. 45. Hab. les rochers à Clisson.

W. STRIATA. Hook. Duby, 571. W. Fugax Hedw. DC. Fl. fr. p. 209. Breb. 117. Mougeot, 407. W. Schisti Schw. Hab. rochers de Barbe-Bleue. Printemps.

W. FALLAX. Desvaux. Cette plante, que je n'ai vu citer nulle part, a été cueillie par MM. l'abbé Delalande et Desvaux. Au pont de Forges.

W. MUCRONULATA. Bruch. Cette plante n'est citée que dans le Catalogue de M. Pesneau, et cueillie par lui à la Contrie.

THESANOMITRION. Schw. Supp. 2, p. 1. Arn. Disp. Moth. p. 32.

T. FLEXUOSUM. W. Arn. Duby, 572, 1. Breb. 111. Dicranum flexuosum Hedw. Campylopus flexuosus. Brid. Bryum flexuosum Linn. Hab. Petit-Port. Printemps.

V. B. Nigroviride Campylopus pilifer. Bridel. Hab. les carrières de la Contrie. Printemps.

ENCALYPTA. Schreb. gen. n. 1642. Hedw. Sp. Musc. p. 61.

E. VULGARIS. Hedw. Brid. Schwæg. DC. Duby, 572, 4. Breb. 194. Bryum extinctorium Linn. Hab. sur les vieux murs de la rue de Sévigné, de la route de Rennes et de Saint-Jacques.

CINCLIDOTUS. Pal. de Beauv. Hook. et Tayl. Musc. Brit. t. 1.

C. FONTINALOÏDES. Pal. de Beauv. Hook. Brid. Bryol. Univ. 1, p. 229. Breb. 70. Mougeot, 510. Trichostomum fontinaloïdes. Hedw. DC. Fl. fr. 1234. Fontinalis minor. Linn. Dill. t. 33, f. 2. Hab. sur les pierres, dans les ruisseaux, à Couëron, à Orvault.

TRICHOSTOMUM. Hook. Musc. brit. p. 59, f. 2. Arn. disp. Meth. p. 22.

T. POLYPHYLLUM. Schw. Supp. 1, 39. Musc. Brit. t. 19. Duby, 573, 1. Mougeot, 410. Trichost. serratum Fl. fr. 1232. Bryum Polyphyllum. Dicks. Dill. Musc. t. 48, f. 41. Hab. carrières de la Contrie.

T. ACICULARE. P. de Beauv. prod. p. 90. Duby, 573, 2. Mougeot, 22. Musc. Brit. t. 19. Dicranum aciculare Hedw. C. 3. t. 33. Eng. Bot. t. 1978. DC. Fl. fr. 1240. Dill. Musc. t. 46, f. 25 et 26. Hab. les rochers intérieurs du Portereau.

T. HETEROSTICHUM. Hedw. Crypt. 2, t. 25. Duby, 573, 6. DC. Fl. fr. 1230. Musc. Brit. t.

19. Mougeot, 119. Dill. Musc. t. 47, f. 27. Hab. carrières de la Contrie. Mars.

T. canecens. Hedw. Cr. 3, t. 5. Duby, 574, 7. DC. Fl. fr. 1228. Musc. Brit. t. 19 , t. Ericoïdes. Schw. Supp. 1, t. 38. Dill. Musc. t. 47, f. 27. B. et 31. Hab. les carrières de la Contrie. Mars.

T. ericoïdes. Schrad. et Hedw. Mougeot, 409. Sp. Musc. Supp. 1, p. 147, tab. 38. Bryum hypnoïdes G. Lin. Bryum elongatum Hoffm. Hab. carrières de la Contrie. Printemps.

T. lanuginosum. Hedw. Cr. 3 , t. 2. DC. Fl. fr. 1229. Mougeot, 21. Musc. Brit. t. 19. Dill. Musc. t. 47, f. 32. Hab. les carrières de la Contrie, les rochers des Couëts. L'abbé Delalande.

T. funale. Schw. Suppl. 1, t. 37. Duby, 574, 10. Mougeot, 815. Canipylopus funalis. Brid. Hab. le Portereau.

GRIMMIA. Schreb. Gen. 21. 1642. Hedw. Musc. 2, p. 89.

G. pulvinata. Eng. Bot. t. 1728. Duby, 574, 3. Musc. Brit. t. 13. G. Nigricans. DC. Fl. fr. 1215. Dicranum pulvinatum Sw. Mougeot, 124. Fissidens pulvinatus. Hedw. Dill. Musc. t. 50, f. 65. Hab. sur les arbres, les rochers, au Portereau.

G. apocarpa. Var. Rivularis. Web. et Mohr. Rivularis. Brid. Duby, 575, 12. Breb. 144. Hab. la cascade du pont Marchand, à Orvault. Saint-Gildas. Delalande.

G. APOCARPA. Hedw. Schwægr. Brid. Hook. Duby, 575 , 12. Breb. 143. Mougeot, 17. Dill. t. 32 , f. 4. Hab. les rochers , les vieux murs.

ORTHOTRICHUM. Hedw. Musc. 2 , p. 96. Hook. et Grev.

O. ANOMALUM. Hedw. Schwægr. Duby, 576, 2. DC. Fl. fr. 1283. Breb. 140. Mougeot, 29. O. Saxatile Brid. Bryum striatum. B. Linn. Dill. t. 55, f. 9. Hab. sur les rochers, à Clisson et à la Basse-Indre. Pesneau.

O. CUPULATUM. Hoffm. Schwægr. Brid. Hook. Mougeot, 725. Duby, 576, 1. Breb. 139. Hab. sur les rochers de la Basse-Indre. Pesneau.

O. AFFINE. Schrad. Schwægr. Bridel. Duby, 576, 3. Hook. et Tayl. Musc. Brit. t. 21. Breb. 191. Mougeot, 323. Hab. sur les troncs d'arbres, à Clisson. Automne.

O. DIAPHANUM. Schrad. Brid. DC. Fl. fr. 1287. Schwægr. Duby, 576, 6. Breb. 123. Mougeot, 325. Hab. sur les troncs d'arbres du cours. Automne.

O. RIVULARE. Smith. Turn. Engl. Bot. 2188. Hook. Musc. B. t. 21. Duby, 576, 7. Breb. 138. Mougeot, 824. Hab. les rochers inondés, la cascade du pont Marchand, Orvault. Printemps.

O. STRIATUM. Schrad. Schwægr. t. 49. Duby, 576, 8. Hook. and Tayl. Musc. Brit. t. 21. Breb. 190. Mougeot, 324. Bryum striatum Linn. Hab. les troncs d'arbres, Orvault. Automne.

O. CRISPUM. Hedw. DC. Fl. fr. 1288. Duby, 577, 13. Breb. 14. Mougeot, 30. Ulota cripa Brid. Bryum striatum Linnée. Hab. sur les troncs d'arbres, Clisson. Eté.

O. PUMILUM. Swartz. Musc. p. 42, tab. 4, f. 2. Mougeot, 322. Hab. sur les arbres du cours Saint-André. Printemps.

SPLACHNUM. Lin. Gen. 1191. Hedw. Arn. ou Grev.

S. AMPULLACEUM. Linn. Hedw. Brid. Schwægr. Duby, 518, 4. Breb. 169. Mougeot, 15. Hab. marais tourbeux, à Sautron, Saint-Gildas, marais du Petit-Rocher, en Tehillac. MM. Lloyd et Delalande.

HEDWIGIA. Ehr. Hedw. Arn. et Grev.

H. CILIATA. Hedw. Anictangium ciliatum. Turn. Musc. Hib. p. 11. Hook. et Tay. Musc. Brit. t. 1. Duby, 579, 1. Mougeot, 12. Schistidium ciliatum Breb. 23. Gymnostomum ciliatum DC. Fl. fr. 1184. Hab. sur les rochers, près le pont du Cens et près la Verrière. Fructifié en mars.

GYMNO STOMUM. Schreb. Gen. 11, 1638. Hed. Musc. 2, p. 87. n° 11 et Grev. p. 46, t. 2, f. 1, 21.

G. HEIMII. Hedw. G. obtusum DC. Fl. fr. 1188. Intermedium Schw. 1, t. 7. Bryum heimii Dicks Crypt. p. 4. Hab. forêt du Gâvre. Saint-Colombin, à la Verrière. Delalande. Mars.

G. TRUNCATULUM. Hoffm. Germ. 2, p. 27. Duby, 580, 8. DC. Fl. fr. 1186. Truncatum

Hedw. Mougeot, 114. Breb. 93. Bryum truncatulumLinn. Hab. sur les fossés, à Clisson. Hiver.

G. PYRIFORME. Hedw. DC. Fl. fr. 1185. Hook. Brebisson, 73. Mougeot, 13. G. Physcomitrium pyriforme. Brid. Bryol. univ. 1, p. 98. Bryum pyriforme. Linn. Vaill. t. 29, f. 3. Dill. t. 44, f. 6. Hab. sur la terre, les fossés, au Portereau. Printemps.

G. FASCICULARE. Hedw. DC. Fl. fr. suppl. 206. Mougeot, 607. Duby, 580, 11. Breb. 74. Hook. Musc. Brit. p. 12, t. 7. G. Physcomitrium fasciculare. Brid. Bryol. univ. 1, p. 101. Hab. le petit ruisseau de Belle-Ile. Printemps.

SPHAGNUM. Schreb. Gen. n. 1637. Hedw. Musc. 2, p. 85. Arn. et Grev. p. 22, t. 1

S. LATIFOLIUM. Hedw. DC. Fl. fr. 1178. Breb. 99. Mougeot, 113. S. Cymbifolium. Sw. Brid. S. Obtusifolium. Duby, 581, 1. Hoff. Hook. S. Palustre. Linn. Dill. t. 2, f. 1. Vaill. t. 23, f. 3. Hab. les prairies marécageuses, la Verrière. Eté.

S. ACUTIFOLIUM. Ehrh. Schwœgr. Duby, 581, 3. Breb. 125. Bryol. Germ. 1, p. 19, t. 3, f. 8. S. Capillifolium. Hedw. DC. Fl. fr. 1179. Mougeot, 11. Dill. t. 32, f. 2. A. Hab. prés et bois marécageux, la Verrière, prairie humide, près Grillaud.

S. CUSPIDATUM. Ehrh. Hoffm. Brid. Schwœgr. t. 6. Nees ven. Es. und. Herns. Bryol. Germ. 1, t. 4, f. 9. Breb. 198. Duby, 581, 4. Mougeot, 405. Hab. flaques et ruisseaux des marais tourbeux, la Verrière, Eté.

PHASCUM. Linn. Gen. 1189. Hedw. Musc. 2, p. 85.

P. ALTERNIFOLIUM. Dicks. Crypt. 1, t. 1, f. 2. Duby, 582, 1. Mougeot, 707. Archidium alterni-folium. Breb. 172. Brid. Schwœgr. suppl. t. 205. Bruch. et Schimp. P. Bruchii Sprengl. Hab. terres humides, au Por-tereau.

P. SUBULATUM. Linn. Hedw. Brid. DC. Fl. fr. 1177. Duby, 582, 4. Breb. 50. Mougeot, 307. Dill. t. 32, f. 10. Hab. chemins, fossés, les Der-vaillières. Été. Petit-Port.

P. AXILLARE. Dicks. DC. Fl. fr. p. 204. Duby, 582, 5. Breb. 124. Mougeot, 605. P. Nitidum. Hedw. Schw. Brid. Hab. sur la terre argileuse. Pesneau.

P. CRISPUM. Hedw. Brid. Bryol. univ. p. 46. Duby, 582, 2. Breb. 49. Mougeot, 703. Hab. la teerr humide, à Barbe-Bleue.

P. CUSPIDATUM. Schreb. Hedw. DC. Fl. fr. 1171. Brid. Duby, 583, 9. Breb. 75. Mougeot, 307. Phaseum acaulon. Linn. Dill. t. 32, f. 11. Hab. terre humide. Pesneau.

Les Hépatiques.

JUNGERMANNIA. Adans. Fam. t. 2, p. 14. Jus. Gen. 7.

J. ASPLENIOÏDES. Linn. Sp. 1517. Fl. fr. DC. 1155. Duby, 584. Hedw. Mougeot, 338 Hook. Jung. t. 13. Dill. Musc. t. 69, f. 5 et 6. Hab. à la Porcherie et à la Perveril. Printemps.

J. CORDOEANA. Huben. Hepat. Germ. p. 291.

Mougeot, 1044. Madotheca porella Nees ab osenb. 201. Hab. sur les arbres et les pierres, Orvault, Saint-Gildas. Delalande.

J. TRICOPHILLA. Linn. Sp. 1601. Fl. fr. DC. 1168. Hook. Dill. Musc. t. 73, f. 37. Mougeot, 340. Hab. la Houssinière.

J. CRENULATA. Eng. Bot. t. 1463. Hook. Jung. t. 37 et suppl. t. 1 Duby, 585, 8. Mougeot, 435. Hab. bords de l'étang de la Perveril.

J. BYSSASEA. Roth. Cat. 2, p. 158. Duby, 586, 17. Mougeot, 531. Jungerm. Divaricata. Eng. Bot. t. 719. Hab. le Pouliguen, Pesneau.

J. INCISA. Schrad. Fl. fr. p. 195. Duby, 586, 20. Hook. t. 10. Mougeot, 240. Hab. sur le ruisseau des Dervallières.

J. NEMOROSA. Linn. Sp. 1598. Duby, 587, 3. Fl. fr. p. 485. Hook. t. 21. Michele Nov. Gen. t. 5, f. 8. Dill. Musc. t. 71, f. 18, 19 et 21. Hab. l'Ebaupin, Petit-Port, etc. Printemps.

J. PUSILLA. Linn. Gen. 1602. Fl. fr. 428. Eng. Bot. t. 1175. Hook. t. 69. Duby, 586, 21. Mougeot, 532. Mich. Nov. Gen. t. 5, f. 10. Dill. Musc. t. 74, f. 46. Sur la terre, au pont du Cens. Pesneau.

J. ALBICANS. Linn. Sp. 1599. DC. Fl. fr. 1166. Hook. t. 25. J. varia. Michel Gen. t. 5, f. 9. Vaill. t. 19, f. 5. Hab. le Petit-Port, la Perveril. Printemps.

J. UNDULATA. Linn. Sp. 1598. Fl. fr. DC. 1164. Duby, 587, 25. Mougeot, 336. Hab. sur les pierres du pont Marchand, Orvault.

J. COMPLANATA. L. Sp. 1599. DC. Fl. fr. 1161. Duby, 587, 31. Eng. Bot. t. 2499. Hook. t. 81. Mich. Gen. t. 5, f. 1. Vaill. Bot. t. 19, f. 9. Hab. C. sur les arbres.

J. SCALARIS. Schrad. DC. Fl. fr. supp. 1146. Hook. Duby, 32. J. Lanceolata. Fl. fr. p. 431. Eng. Bot. t. 605. Hab. les bois de l'Ebaupin. Pesneau.

J. POLYANTHOS. Linn. Sp. 1597. DC. Fl. fr. 1153. Duby, 588, 33. Mougeot, 436. Eng. Bot. 2479. Hook. t. 62. Vaill. t. 19, f. 7. Dill. Musc. t. 69, f. 7 et 8. Hab. dans les bois de la Perveril.

J. VITICULOSA. L. Sp. 1597. DC. Fl. fr. 1152. Duby, 588, 34. Eng. Bot. t. 2513. Hook. t. 60. Mich. t. 5, f. 4. Hab. les bois du Portereau.

J. BIDENTATA. L. Sp. 1598. DC. Fl. fr. 1150. Duby, 588, 36. Mougeot, 439. Hook. t. 30. Dill. t. 70, f. 11. Hab. les Dervallières, le Portereau. Printemps.

J. REPTANS. L. Sp. 1599. DC. Fl. fr. 1158. Duby, 589, 41. Mougeot, 49. Hook. t. 75. Dill. t. 6, f. 2. Hab. sur la terre, chemin de la Paque-ais, près Orvault. Printemps.

J. PLATYPHYLLA. L. Sp. 1600. DC. Fl. fr. 1159. Duby, 589, 43. Mougeot, 50. Hook. t. 40. et suppl. t. 3. Vaillant, t. 19, f. 9. Dill. Musc. t. 72, f. 32. Hab. sur les arbres et les vieux murs.

J. LOEVIGATA. Schrad. DC. Fl. fr. 1156. Duby, 589, 44. Mougeot, 341. Hook. t. 35. Hab. Petit-Port, la Perveril, T.

J. CILIARIS. L. Sp. 1601. Duby, 589, 45. Mougeot, 244. Hook. t. 65. Dill. Musc. t. 69. Hab. sur les rochers du pont Marchand, Orvault.

J. DILATATA. L. Sp. 1600. DC. Fl. fr. 1161. Duby, 590, 48. Mougeot, 248. Hook. t. 5. Dill. t. 72, f. 27. Hab. sur les troncs d'arbres. Hiver.

J. TAMARISEI. L. Sp. 1600. DC. Fl. fr. 1160. Duby, 590, 49. Hook. Jung. t. 6. Vaill. t. 23, f. 10. Dill. Musc. t. 72, f. 31. J. Tamariscifolia. Mougeot, 246. Hab. sur les troncs d'arbres. Hiver.

J. PINGUIS. L. Sp. 1602. Fl. fr. DC. 1140. Duby, 590, 50. Hook. Jung. t. 46. Mich. Gen. t. 4, f. 3. Mougeot, 239. Dill. Musc. t. 74, t. 42. Hab. dans les prairies marécageuses, dans les petits ruisseaux des marais de la Verrière.

J. MULTIFIDA. L. Sp. 1602. DC. Fl. fr. 1141. Duby, 590, 51. Hook t. 45. Mougeot, 147. J. Sinuata. Eng. Bot. t. 1476. J. Palmata. Hedw. Michel, t. 4, f. 2. Dill. t. 74, f. 43. Hab. au fond de la fontaine de la Poignardière.

J. EPIPHYLLA. L. Sp. 1602. DC. Fl. fr. 1139. Duby, 590, 53. Mougeot, 53. Hook. t. 47. Vaillantii p. 218. Marchantia augustifolia. DC. Fl. fr. 1137. Mich. Gen. t. 4, f. 1. Vaill. t. 19, f. 4. Dill. 74. Hab. dans un chemin creux, près Orvault.

J. FURCATA. L. Sp. 1602. DC. Fl. fr. 1142. Duby, 590, 54. Mougeot, 148. Eng. Bot. t. 1632. Hook. J. t. 55, 56. Vaill. t. 23, f. 11. Dill. Musc. t. 74, f. 45. Hab. dans le vieux chemin d'Orvault, aux Essongères, sur les arbres. Pesneau.

MARCHANTIA. Mich. Gen. 1 L. Gen. 1198.

M. POLYMORPHA. L. Sp. 1603. DC. Fl. fr. 1133. Duby, 591, 1. Eng. Bot. t. 210. Hedw. Dill. Musc. t. 76 et 77. Mougeot, 56 ♀ M. Stellata scop. Lob. 246. ♂ M. Umbellata scop. Lob. t. 246, f. 3. Hab. tous les endroits humides.

Je l'ai trouvé, avec M. D. Bourgault, très développé et sous la forme stellaire, dans un fossé de la prairie de l'Hôpital, près Machecoul.

M. HEMISPHOERISCA. L. Sp. 1604. Duby, 591, 2. DC. Fl. fr. 1134. Dill. Musc. t. 72, f. 2. Mich. Gen. 3, t. 2, f. 2. Hab. endroits ombragés et humides, fontaine de l'Ébaupin.

M. CRUCIATA. Linn. Sp. 1604. Duby, 591, 7. Mougeot, 1037. Dill. Musc. t. 75, f. 5. Lunularia cruciata. Mich. Gen. 4, t. 4. Hab. à Carcouet, la vallée d'Orvault, etc.

M. FRAGRANS. Balb. p. 6, t. 2. Duby, 591, 5. Schleich. DC. Fl. fr. 1135. Hab. environs de Nantes. Hectot.

ANTHOCEROS. Dill. Musc. 475. Linn. Gen. 1201.

A. LOEVIS. L. Sp. 1606. DC. Fl. fr. 1132. Hedw. Mougeot, 55. Duby, 590. Lam. illust. t. 876, f. 1. Dill. Musc. t. 68, f. 2. Hab. les fossés humides, la Houssinière.

TARGIONIA. Mich. Gen. p. 3. L. 1197.

T. HYPOPHYLLA. L. Sp. 1604. DC. Fl. fr. 1129. Duby, 592. Lam. illust. t. 877. Spreng. Dill. Musc. t. 78. Hab. les murs, les rochers, à Varades; sur un vieux mur, rue Saint-Clément. Lloyd.

SPHŒROCARPUS. Mich. Gen. p. 4.

S. MICHELII. Bell. l. c. Duby, 592. S. terrestris. Eng. B. 299. Mich. Gen. t. 3, f. 2. Targionia sphœrocarpus. Dicks, DC. Fl. fr. 1130. Dill. Musc. t. 18. f. 17. Hab. sur la terre humide, près Thouaré.

RICCIA. Mich. Gen. 57. Lin. Gen. 1200.

R. GLAUCA. Hedw. Duby, 592, 5. DC. Fl. fr. 1126. Mougeot, 539. Hab. sur le revers d'un fossé, route de Vannes.

R. FLUITANS. L. Sp. 1606. DC. Fl. fr. 1128. Duby, 592. M. 151. Hab. étang de Châteaubriant, fontaine de la Perveril.

R. CAVERNOSA. Hoff. DC. Fl. fr. 1125. Duby, 592. Dill. t. 78, f. 12. R. Cristallina schmied. Mougeot, 248. Hab. sur les fossés. Pesneau.

R. BIFUBEA. Hoffmann. DC. Fl. fr. 1127. Mich. Gen. t. 57, f. 7. Hab. les mares desséchées. Pesneau.

Les Lichens. Hoffm. Achar. Lich.

Univ. 1. fries. in. Stock. 1821. A. fée in. dict. Classe 9, p. 360. G. F. W. Meyer. Pars. 1. p. 311. Lichens et hypoxilons. trib. 11. DC. Fl. fr. 521 et 507. Algarum. Gen. Juss.

ENDOCARPON. Hedw. DC. Fl. fr. p. 413. Arch. Lich. p. 55.

E. MINIATUM. Ach. Meth. 127. DC. Fl. fr. 1120. Duby, 594, 2. Mougeot, 57. Lichen miniatus Jacq. Misc. 2, t. 10. f. 3. Eng. Bot. 9, t. 393. Hab. sur la Pierre-Penchée, près Ancenis.

E. GUEPINII. Delise in litt. Duby, 594, 3. Mougeot, 938. Hab. même localité que le précédent.

E. FLUVIATILE. DC. Fl. fr. 1118. Duby, 594, 5. Mougeot, 152. E. Webere. Ach. Lichen fluviatile Web. t. 1. Hoffm. t. 45, f. 1-5. Dill. t. 30, f. 128. Hab. la Houssinière, aux Dervallières, dans la rivière de la Chésine. Pesneau.

UMBILICARIA. Hoffm. Lich. 1, fasc. 1. DC. Fl. fr. p. 408. Schœ. Gyrophora Acha. Lecidea Spreng.

U. PUSTULATA. Hoffm. Lich. fasc. 1, p. 9. DC. Fl. fr. 1112. Duby, 595, 1. Gyrophora pustullata Ach. Eng. Bot. t. 1283. Mougeot, 60. Vaill. t. 20, f. 9. Hab. Clisson, Thouaré, Pierre-Meulière, près Ancenis.

U. DEPRESSA. Schœr. Duby, 596, 9. DC. Fl. fr. 1115. Gyrophora murina. Mougeot, 736. Achar. Hab. les rochers de la Pierre-Meulière. Ancenis.

PELTIGERA. Wild. Prod. p. 247, DC. Fl. fr. 405. Schœr Peltidea. Fries Peltidea Solorina et Nephroma Ach. Lich. univ.

P. RESUPINATA. DC. Fl. fr. 1102. Duby, 597, 5. Mougeot, 252. Nephroma resupinata. Ach. Jacq. coll. 4, t. 12, f. 1. Dill. t. 28, f. 105. Hab. sur les arbres, les rochers, à l'Ébaupin.

P. HORISONTALIS. Hoffm. DC. Fl. fr. 1098. Duby, 597, 7. Peltidea horisontalis Ach. Mougeot, 345. Hab. sur les rochers, au milieu des mousses.

P. HYMENINA. Delise ined Duby. Peltidea hymonina. Ach. Moth. 284. Peltidea horisontalis. Var. Hymenina 22. Mougeot, 541. Hab. sur des ceps de vigne, près l'Ébaupin.

P. RUFESEENS. Hoffm. Germ. p. 167. Duby, 598, 13. Peltigera Spuria. DC. Fl. fr. 1093. Peltidea Rufeseens Fries. P. Spuria Ach. Hab. sur les pierres, à la Contrie.

P. POLYDACTYLA. Hoffm. Lich. 1, t. 4, f. 1. Duby, 598, 14. DC. Fl. fr. 1101. Peltidea Horisontalis. Polydactila. Mougeot, 633. Hab. la Contrie.

P. SCUTATA. Duby, 599, 15. Peltidea Scutata. Ach. Eng. Bot. t. 1834. Hab. la Verrière, collines, sur le sable, au Pouliguen. Pesneau.

P. CANINA. Hoffm. Germ. p. 106. DC. Fl. fr. 1099. Duby. Peltidea Canina. Ach. Mougeot, 154. Lichen Caninus Linn. Jacq. Coll. 4, t. 14. Eng. Bot. t. 2299. Dill. Musc. t. 27, f. 102. Hab. sur la terre, dans les bois.

STICTA. Schreb. Genus 2, p. 768. Ach. Delise Stict. Monog. 35. Sticta et Lobariæ. Sp. DC. Fl. fr. p. 404, 402.

S. SYLVATICA. Ach. Moth. 281. DC. Fl. fr. 1095. Delise M. 155. Pulmonaria Sylvatica. Hoffm. Jacq. Coll. 4, t. 12. Dill. Musc. t. 27, f. 101. Lichen Sylvaticus Linn. Hab. sur les vieilles souches de vignes, près l'Ébaupin.

S. FULIGINOSA. Ach. Meth. 281. DC. Fl. fr.

1094. Delise. Mougeot , 542. Eng. Bot. t. 1103. Lichen Fuliginosus. Diks Dill. Musc. t. 26, f. 100. Hab. sur un mur , au Tertre. Pesneau.

S. HELVETICA. Desvaux Non Auct. Hab. sur les troncs d'arbres, à l'Ébaupin.

S. SCROBICULATA. Ach. Lich. univ. 433. Duby, 599, 4. Mougeot, 444. Lobaria Scrobitulata. DC. Fl. fr. 1089. Pulmonaria Verrucosa. Hoffm. Dill. Musc. t. 29 , f. 114. Hab. sur les vignes du Portcreau.

S. PULMONACEA. Hach. L. p. 449. Duby, 599, 5. Mougeot, 62. Lobaria Pulmonaria, DC. Fl. fr. 1092. Pulmonaria Reticulata. Hoffm. Dill. t. 217 , f. 113. Hab. sur les souches d'arbres, Orvault.

S. LIMBATA. Ach. 280. Duby, 600, 6. Delise. Eng. Bot. t. 1104. Dill. Musc. t. 6, f. 100. Hab. à la Verrière.

PARMELIA. Delise. Ach. Lich. univ. 89 , t. 8, f. 9 , 16. Imbricariæ Ach. prod. DC. Fl. fr. 386, non Juss.

P. PERLATA. Ach. Lich. univ. 458, Duby, 601. Mougeot, 253. Lobaria Perlata DC. Fl. fr. p. 403. Jacq. coll. 4, t. 10. Vaill. bot. t. 21 , f. 22. Hab. sur les arbres, avenue des Dervallières , etc. CC.

P. CAPERATA. Ach. Lich. 216 Duby, 611, 3. Mougeot, 255. Imbricaria caperata DC. Fl. fr. 1063. Hoffm. Eng. Bot. t. 654. Vaill. Bot. t. 21, f. 12. Hab. sur les rochers et sur les arbres.

P. ᴛɪʟɪᴀᴄᴇᴀ. Ach. Meth. 215. Duby, 601, 4. Mougeot, 445. Imbricaria quercina DC. Fl. fr. 1056. Hoffm. Eng. Bot. t. 624. Vaill. Bot. t. 21, f. 22. Hab. sur les troncs d'arbres.

P. ʙᴏʀᴇʀɪ. Ach. Lich. 461. Duby, 601, 5. Mougeot, 634. Turn. in act. Linn. 9, t. 13, f. 9. Hab. sur l'écorce des arbres, aux Dervallières.

P. ꜱᴀxᴀᴛɪʟɪꜱ. Ach. Meth. 204. Duby, 601, 6. Imbricaria retiruga. DC. Fl. fr. 1054. Linn. Eng. Bot. t. 603. Jacq. Coll. 4, t. 20, f. 2. Mich. gen. t. 29. Hab. sur les troncs d'arbres.

P. ᴏʟɪᴠᴀᴄᴇᴀ. Ach. Lich. 462. Duby, 602, 8. Mougeot, 161. Imbricaria olivacea DC. Fl. fr. 1061. Hoffm. Dill. t. 24, 77. Vaill. Bot. t. 20, f. 8. Hab. sur les troncs d'arbres et les rochers.

P. ᴄᴇɴᴛʀɪꜰᴜɢᴀ. Ach. Meth. 205. Duby, 602, 10. Imbricaria centrifuga DC. Fl. fr. p. 188. Hab. les arbres, les rochers, garenne de Liré, Cordemais, Corsept, Saint-Brévin. Delalande.

P. ᴄᴏɴꜱᴘᴇʀꜱᴀ. Ach. Meth. 205. Duby, 602, 17. Mougeot, 160. Imbricaria conspersa DC. Fl. fr. 1064. Squammaria centrifuga Hoffm. Lich. t. 16, f. 2. Dill. Musc. t. 24, f. 75. Hab. la Pierre-Meulière, près Ancenis.

P. ꜱɪɴᴜᴏꜱᴀ. Ach. syn. 207. Duby, 602. Parmelia Lœvigata Ach. syn. 202. Eng. Bot. t. 2030 et 1852. Hab. sur les arbres, les rochers, à Ancenis, pont du Cens. Delalande.

P. ᴘʜʏꜱᴏᴅᴇꜱ. Ach. 250. Duby, 600, 14. Imbricaria physodes. DC. Fl. fr. 1066. Mougeot,

159. Eng. Bot. 126. Jacq. Coll. 3, 1, 8, f. 2 et 3. Dill. t. 20, f. 49. Hab. sur les arbres et les rochers.

P. LANUGINOSA. Ach. 207. Duby, 603, 15. Imbricaria lanuginosa DC. Fl. fr. p. 188. Dicks Crypt. 2, t. 6, f. 1. sur les arbres et les pierres.

P. CLEMENTIANA. Ach. Lich. 482. Duby, 603, 16. Mougeot, 737. Hab. sur les arbres, chemin de la Verrière, la Bonnetière, Delalande.

P. SPECIOSA. Ach. Meth. 198. Duby, 603. Mougeot, 635. Jacq. coll. 3, t. 7. Hab. sur les arbres, au pont du Cens.

P. AQUILA. Ach. Meth. 201. Duby, 604, 21. Moug., 1049. Imbricaria aquila DC. Fl. fr. 1053. Collema cristatum DC. Fl. fr. 1039. Eng. Bot. t. 982. Dill. Musc. 24, f. 69. Hab. taillis du Portereau, sur les rochers.

P. CYCLOSELIS. Ach. Meth. 109. Duby, 604, 25. Imbricaria Cycloselis DC. Fl. fr. 1051. Parmelia adglutinata. Mougeot, 543. Lecanora virella Ach. Parmelia cloantha Ach. ex-Meyer. Hoffm. CC. Eng. Bot. t. 1942. Hab. sur les arbres, au pont du Cens.

P. ULOTHRYX. Ach. Meth. 200. Duby, 604, 26. Mougeot, 448. Imbricaria ulothryx. DC. Fl. fr. 1052. Hoffm. lich. t. 14, f. 1. Dill. Musc. t. 24, f. 72. Hab. sur les arbres, à l'Ebaupin, la Bonnetière. Delalande.

P. PULVERULENTA. Ach. Meth. 210. Duby,

605 , 28. Moug. 162. Imbricaria **Pulverulenta** DC. Fl. fr. 1049. Hoffm. Lich. t. 8, f. 2. Dill. Musc. t. 24, f. 72. Hab. sur les arbres, à Clermont.

P. AïPOLIA. Ach. Meth. 209. Duby, 605, 29. Imbriaria aïpolia DC. Fl. fr. 1048. Hab. sur un arbre, près du pont d'Ancenis, au pont du Cens. Delalande.

P. STELLARIS. Ach. Meth. 209. Duby, 605, 30. Moug. 163. Imbricaria Stellaris. DC. Fl. fr. 1047. Hoffm. Lich. t. 13 , f. 1. Hab. sur les troncs d'arbres de la forêt de Laguerre, près Ancenis.

P. COESIA. Ach. Meth. 197. Duby, 605, 31. Mougeot, 447. Imbricaria Cœsia DC. Fl. fr. 1046. Hoffm. t. 8, f. 1. Eng. Bot. 1052. Wulf. in Jacq. Coll. 2 , t. 16 , f. 2. Hab. Pierre-Meulière , près Ancenis.

P. ACETABULUM. Duby, 601 , 2. P. Corrugata Ach. Imbricaria acetabulum DC. Fl. fr. 1062. Jacq. Coll. 3 , t. 9 , f. 1. Vaill. Bot. 21, f. 13. Hab. sur les troncs d'arbres.

P. PARIETINA. Ach. Meth. 213. Duby, 606, 35. Mougeot, 66. Imbricaria parietina. DC. Fl. fr. 1060. Hoffm. Lich. t. 18, f. 1. Eng. Bot. t. 194. Dill. t. 24, f. 79. Hab. sur les toits, les murs, les arbres.

P. CANDELARIA. Delise, ined. Duby, 606, 37. Lecanora candelaria. Ach. Mougeot, 742. Placodium candelarium DC. Fl. fr. 1024. Eng. Bot. 1794. Lichen concolor Dicles. L. candelarius

Linn. Habite les arbras de l'avenue des Dervallières.

PANNARIA. Delise. Dict. Class. t. 13, p. 30. Parmeliæ Ach. Merj. Sp. Eng.

P. RUBIGINOSA. Delise. Duby, 606, 1. Parmelia rubiginosa. Ach. Imbrycaria cœrulescens. DC. Fl. fr. 1057. Dicks Crypt. 4, t. 12, f. 6. Eng. Bot. t. 933. Hab. sur les troncs d'arbres, à l'Ebaupin.

P. PLUMBEA. Delise. Duby, 606, 2. Parmelia plumbea. Ach. Mougeot, 939. Lightf. Scot. t. 26. Hab. sur les troncs d'arbres.

P. CONOPLEA. Delise. Duby, 607, 3. Parmelia conoplea. Ach. Mougeot, 349. Imbricaria conoplea DC. Fl. fr. p. 187. Imb. pytirea DC. Fl. fr. 1059. Hab. sur les mousses, les arbres, sur les vieilles souches de vignes, près de l'Ebaupin.

COLLEMA. Hoffm. Schreb. Ach. Lich. Univ. 129, t. 14, f. 8, 11. Parmeliæ Sp. Mey. Spreng.

C. NIGRUM. Ach. Lich. Univ. p. 628. Mougeot, 553. Lichen Niger. Huds. Linn. Hab. sur les murs. Pesneau.

C. GRANOSUM. DC. Fl. fr. 1035. Hab. sur la terre. Pesneau.

C. NIGRESCENS. DC. Fl. fr. 1045. Duby, 607, 2. Mougeot, 164. Ach. Lich. Univ. 646. C. Microcarpum. DC. Syn. Franc. 82. Hoffm. 37, f. 2, 3. Jacq. Coll. 3, t. 10, f. 3. Dill. Musc. t. 19, f. 20. Hab. sur les rochers de Barbe-Bleue.

C. JACOBAEIFOLIUM. DC. Fl. fr. 1042. Chev. p.

632. Collema Melœnum Mougeot, 455. γ Jaco-
bæifolium. Ach. Lich. Univ. p. 637. Hab. sur les
rochers de la côte Saint-Sébastien. Pesneau.

C. FURVUM. DC. Fl. fr. 1044. Duby, 609,
13. Ach. Syn. 323. Jacq. Coll. 3, t. 10, f. 2.
Dill. t. 19, f. 24. Hab. sur les troncs d'arbres.
Pesneau.

C. LACERUM. DC. Fl. fr. 1041. Duby, 609,
14. Mougeot, 1061. Ach. Syn. 327. Eng. Bot. t.
1982. Wulf in Jacq. Coll. 3, t. 11, f. 1. Dill.
t. 19, f. 31. Hab. sur des souches de vignes
couvertes de mousses, au Portereau.

C. CRISPUM. Hoffm. Germ. 2, p. 10. Duby,
609, 16. DC. Fl. fr. 1038. Lichen Crispus Linn.
Collema pulposum Ach. Lich. Univers. 632.
Hab. sur la terre, parmi la mousse.

C. PULVINATUM. Hoffm. Dill. Musc. t. 19, f.
34. V. β du C. Lacerum. Ach. Duby, Mougeot,
637. Hab. sur les vieux murs, la terre et les
mousses.

C. SYMPHOREUM. DC. Fl. fr. 1036. Duby,
610, 21. C. Myriococcum Ach. Syn. 316. Ach.
in Nov. Act. Stock. V. 22, t. 3, f. 2. Hab. sur
les rochers de la Pierre-Meulière. Ancenis.

PHYSCIA. DC. Fl. fr. p. 395. Evernia, Cetraria, Borrera, Ach. Lich. et Syn. Parmeliæ Sp.
Mey. Spreng.

P. PRUNASTRI. DC. Fl. fr. 1075. Duby, 611,
2. Evernia prunastri Ach. Mougeot, 355. Ha-
malina prunastri Chev. Eng. Bot. t. 859 et
1253. Vaill. Bot. t. 20, f. 7. Dill. Musc. t. 21,

f. 54. Hab. sur les arbres, au Portereau. Petit-Port.

P. **chrysophthalma**. DC. Fl. fr. 1085. Duby, 611, 5. Borrera Chrysophthalma. Mougeot, 254. Hoffm. Lich. 2, t. 36, f. 4. Eng. Bot. t. 1088. Hab. sur les rochers, Saint-Aignan, Petit-Port, Châteauthébaud, etc.

P. **flavicans**. DC. Rapp. 1, p. 16. Duby, 612, 7. DC. Fl. fr. 1074. Supp. Borrera flavicans. Ach. Hab. sur les troncs d'arbres, à Petit-Port, au Portereau, à la Paclais. Pesneau.

P. **ciliaris**. DC. Fl. fr. 1072. Duby, 612, 3. Borrera ciliaris. Ach. Mougeot, 64. Hoffm. Lich. t. 3, f. 4. Eng. Bot. t. 1350. Vaill. t. 20, f. 4. Hab. sur les troncs d'arbres, au Portereau.

P. **tenella**. DC. Fl. fr. 1072. Duby, 612, 10. Borrera tenella Ach. Mougeot, 450. Hoffm. t. 3, f. 23. Vaill. Hab. sur un petit mur, à la Contrie.

P. **glauca**. DC. Fl. fr. 1087. Duby, 613, 17. Cetraria glauca Ach. Mougeot, 156. Hoffm. Lich. t. 20, f. 1. Vaill. Bot. t. 21, f. 12. Dill. Musc. t. 25, f. 96. Hab. sur les rochers, au Croisic. Pesneau.

RAMALINA. Ach. Lich. 122, t. 13, f. 5, 11. Syn. 293. Physciæ DC. Parmeliæ Sp. Mey. Spreng.

R. **fraxinea**. Ach. Lich. Univ. 602. Physcia fraxinea. DC. Fl. fr. 1078. Hoffm. Lich. t. 18, f. 12. Dill. Musc. t. 22, f. 59. Hab. sur les troncs d'arbres, à la Jaunaie, Doulon, Thouaré. Delalande.

R. POLLINARIA. Ach. Lich. Univ. 608. Duby, 614, 3. Mougeot, 546. Physcia squarrosa. DC. Fl. fr. 1077. Vaill. Bot. t. 20, f. 15. Dill. t. 21, f. 55. Hab. la forêt de la Guerre, près Ancenis, Piriac. Delalande.

R. FASTIGIATA. Ach. Lich. Univ. 603. Duby, 614, 5. Mougeot, 452. Physcia fastigiata. DC. Fl. fr. 1079. Eng. Bot. t. 890. Vaill. Bot. t. 20, f. 2. Hab. sur les arbres, taillis du Portereau, les Dervallières, Petit-Port, etc., sur les murs du château de Piriac. Delalande, qui a cueilli à Belle-Ile la V. γ calicaris.

R. FARINACEA. Ach. Lich. 606. Duby, 614, 6. Mougeot, 356. Physcia farinacea. DC. Fl. fr. 1076. Eng. Bot. t. 889. Vaill. Bot. t. 20, f. 13, 15. Hab. sur les troncs d'arbres, avenue de Pommiers, à Petit-Port.

R. SCOPULORUM. Ach. Univ. 604. Duby, 614, 7. Physcia scopulorum. DC. Fl. fr. 1079. Lich. Calicaris Linn. Eng. Bot. t. 688. Dill. Musc. t. 18, f. 38. Hab. sur les rochers de Saint-Nazaire, du Croisic.

ROCCELLA. DC. Fl. fr. p. 334. Ach. Lich. 81, t. 7, f. 89. Parmelia. Sp. Spreng. Mey.

R. FUCIFORMIS. DC. Fl. fr. 907. Eng. Bot. t. 728. Duby, 615, 1. Dill. Musc. t. 23, f. 6. Lichen fuciformis Lin. Hab. sur les rochers du Croisic.

R. PHYCOPSIS. Ach. Lich. t. 440. Duby,

615, 2. DC. Fl. fr. 906. Dill. Musc. t. 20 , f. 60. Hab. sur un mur , à Piriac. Pesneau , Delalande.

USNEA. Ach. Lich. Univ. 127, t. 14, f. 5. Syn. 303.

U. CERATINA. Ach. Lich. Univ. 619. Duby, 615 , 1. Mougeot , 465. Hab. sur les arbres de l'avenue de Petit-Port.

U. BARBATA. DC. Fl. fr. 903. Duby, 615 , 2. Eng. Bot. t. 258. Parmelia articulata Spreng. Dill. Musc. t. 12 , f. 6. Hab. taillis du Portereau, arbres et rochers.

U. PLICATA. Hoffm. Germ. 2 , p. 132. Duby, 615, 4. Mougeot, 166. Ach. DC. Fl. fr. 902. Fl. Dan. t. 1357. Dill. t. 11, f. 1. Hab. taillis du Portereau , Petit-Port.

J'ai trouvé la V. γ Hirta dans la forêt de la Guerro , près Ancenis.

U. FLORIDA. Hoffm. Germ. p. 133. Duby , 616 , 5. Mougeot, 260. Eng. Bot. t. 872. DC. Fl. fr. 901. Dill. t. 13, f. 13. Hab. taillis du Portereau , les Dervallières , etc.

CORNICULARIA. DC. Fl. fr. t. 2 , p. 228. Alectoria Ach. Parmeliæ. Mey. Spreng.

C. JUBATA. DC. Fl. fr. 900. Duby, 616 , 3. Mougeot , 261. Alectoria jubata. Ach. Eng. Bot. t. 1880. Schrad. Journ. 1799, 1 , t. 3, f. 4. Dill. Musc. t. 2, f. 7. Hab. les carrières de la Contrie.

C. ACULEATA. Ach. Meth. 302. Duby, 617, 8. Mougeot, 168. DC. Fl. fr. 893. Vaill. Bot.

t. 26, f. 8. Michel. Gen. t. 39. Hab. la Contrie, Orvault, Machecoul, Pesneau. Saint-Gildas, Delalande.

C. PUBESCENS. Ach. Meth. Lichen, 305. Duby, 617, 10. Mougeot, 358. C. Intricata D. Fl. fr. 899. Lich. Pubescens. Linn. Jacq. 2, t. 10, f. 5. Conferva atro virens Dillw. Conf. t. 5. Baugia atro virens. Lyngh. Zigonema atro virens Ag. Spreng. Saint-Gildas. Delalande.

SPHÆROPHORUS Pers. b. 7, p. 22. DC. Fl. fr. p. 327, Ach. Lich. 116, t. 12, f. 5, 6.

S. GLOBIFERUS. DC. Fl. fr. 889. Duby, 618, 2. S. Coralloïdes Pers. Ach. Mougeot, 262. Corinalloïdes Globiferum. Hoffm. Lich. 6, t. 31, f. 2. Lichen Globiferus Linn. Eng. Bot. t. 115. Hab. les carrières de la Contrie, la Houssinière.

STEREOCAULON. Schr. Gen. DC. Fl. fr. 328. Ach. Lich. univ. 113, t. 12, f. 3, 4. Syn. 284.

S. PASCALE. Ach. Meth. 315. Duby, 618, 1. DC. Fl. fr. 891. Mougeot, 73. Eng. Bot. t. 282. Dill. t. 17, f. 33. Hab. les carrières de la Contrie.

S. NANUM. Ach. Meth. 315. Fl. fr. DC. p. 178. Duby, 619, 10. Mougeot, 647. Stereocaulon Quisquiliare. Hoffm. Mich. Gen. t. 53, f. 8. Hab. sur la terre, au pont du Cens. Delalande.

CENOMICE. Ach. Lichen univ. p. 105, t. 11, f. 3, 6. Syn. 248. Cladonia Hoffm. Schœrer.

Fries. Cladonia Scyphophorus. Helopodium. DC.
Fl. fr. 335 , 337 et 341.

C. UNCIALIS. Ach. Lich. 558. Syn. 276. Duby,
620 , 2. Mougeot, 165. Florke Deut. Lich.
21 , 155. Cladonia ceranoïdes. DC. Fl. fr. p.
337. Dill. Musc. t. 16 , f. 22. A , B , C , E , F.
Hab. Saint-Gildas. Delalande.

C. PAPILLARIA. Ach. Lich. 571. Syn. 276.
Duby , 620 , 1. Mougeot , 259. Cladonia Papillaria. DC. Fl. fr. p. 180. Hoffm. Cl. Molarifor-
mis. Hoffm. Dill. Musc. t. 16, f. 28. Hab. Saint-
Gildas. Delalande.

C. SYLVATICA. Florke Deutsch. Lich. 76.
Duby , 621 , 4. C. rangiferina. β Sylvatica.
Ach. Lich. 564. Dill. Musc. t. 16, f. 30, B. Hab.
sur la terre, les vieux murs, à la Houssinière,
sur un mur, à la Morinière. V. β Alpestris
Florke. A la Contrie.

C. RANGIFERINA. Ach. Lich. 564. Cladonia
Rangiferina. Hoffm. DC. Fl. fr. p. 336. Lichen
rangiferinus Linn. Eng. Bot. t. 173. Dill. Musc.
t. 16, f. 29. Hab. carrières de la Contrie , la
Houssinière, le Portereau, sur les rochers, Saint-
Gildas. Delalande.

C. RANGIFERINA. V. β Cimosa. Ach. Duby ,
621. Hab. sur les rochers du Portereau.

C. FURCATA. Ach. Syn. 276. Duby , 622 ,
10. Mougeot, 852. Cladonia Furcata. Hoffm.
Cladonia Subulata ε DC. Fl. fr. p. 336. Dill.

t. 6 ; f. 27. Hab. aux Dervallières , Saint-Gildas. Delalande.

C. FURCATA. V. β Spinulosa. Delise. Duby , 622. Dill. Musc. t. 16 , f. 25. Sur les rochers, au Portereau , Saint-Gildas. Delalande.

C. RACEMOSA. Ach. Syn. 275. Duby , 623 , 12. Mougeot , 851. Cladonia Subulata. ζ DC. Fl. fr. 2 , p. 336. Hab. sur les rochers et les troncs d'arbres , au Portereau.

C. GRACILIS. Delise. Duby , 624 , 13. Mougeot, 849. C. Ecmocyna. Ach. Syn. 261. Cladonia Gracilis. Hoffm. Lichen Gracilis. Linn. Eng. Bot. t. 1284. Dill. Hab. sur les pierres, à la Contrie.

C. SQUAMOSA. Delise. Duby, 625 , 13. C. Sparassa Ach. Syn. 274. Mougeot , 645. C. Cespitosa Dufour Cladonia squamosa et Coronata Hoffm. Lichen Cespitosus Lam. encycl. meth. Hab. les bois de l'Ébaupin, Plessis-Tison.

C. DELICATA. Ach. Lich. 569. Duby, 626, 16. Mougeot, 753. Helopodium Delicatum DC. Fl. fr. p. 341. Lichen parasiticus Hoffm. Lich. t. 8, f. 5. Hab. sur les troncs d'arbres, aux Dervallières, Petit-Port, Sainte-Luce. Delalande.

C. FASCICULARIS. Delise, Duby, 627 , 22. Hab. sur les rochers et la terre.

C. CORNUTA. Ach. Lich. 545. Duby, 628, 27. C. Fimbriata h. Cornuta Ach. Syn. 257. Mougeot, 1156. Cladonia Cornuta Hoffm. Scyphophorus Cornutus a DC. Fl. fr. 2, p. 240. Dill. t. 15, f. 14. Hab. sur la terre, à l'Ébaupin.

C. PYXIDATA. Ach. Lich. 534. Duby, 629, 31. Mougeot, 1155. Scyphophorus pyxidatus. D. C. Fl. fr. 2, p. 339. Lichen pyxidatus. Linn. Hab. sur la terre et les rochers.

V. ε Prolifera. Delise C. Fimbriata f. Prolifera. Ach. Syn. 256. Flork. in Berl. mag. Dill. Vaillant. Hab. même localité que le précédent.

Var. ζ Tubæformis Hoffm. Florke Vaill. Bot. t. 21, f. 6, 8. Hab. sur la terre et les rochers, parmi les mousses.

C. VERTICILLATA. Ach. Syn. 251. Duby, 631, 35. Mougeot, 644. Cladonia dilatata, C. pyxidata var. Verticillata Prolifera et C. cristata Hoffm. Bœomyces verticillatus Walhemb. Dill. Musc. t. 14, f. 6, B. D. H. f. 9, B. Hab. les carrières de la Contrie.

C. CARIOSA. Ach. Lich. 567, Syn. 273. Duby, 632, 41. Mougeot, 850. Lichen Cariosus. Ach. Hab. sur les pierres de la Contrie.

C. ALCICORNIS. Ach. Lich. 528. Duby, 631, 37. Mougeot, 1062 C. Damœcornis et var. γ phyllophora Ach. Lich. p. 350. Cladonia foliacea phyllophora et Cornucopioïdes. Hoffm. Dill. Musc. t. 14, f. 12. A Vaill. Bot. t. 21, f. 3. Hab. les carrières de la Contrie.

C. CERVICORNIS. Ach. Lich. 531. Duby, 631, 39. Mougeot, 749. Lichen cervicornis Achar. Linn. Hab. les carrières de la Contrie.

C. COCCIFERA. Ach. Lich. 537. Syn. 269. Duby, 632, 46. Mougeot, 752. Cladonia coccinea. Hoffm. Lichen cocciferus. Lin. Eng. Bot. t. 2051. Dill. Musc. t. 14, f. 7. A. J. Vaill. Bot. t. 21, f. 4. Hab. les carrières dela Contrie.

ISIDIUM. Ach. Prod. DC. Fl. fr. 326. Ach. Lich. univ. 110, t. 11, f. 9. Pertusaria Lecanora. Meyer. Parmelia Spreng.

I. CORALLINUM. Ach. Meth. 138, t. 3, f. 7. DC. Fl. fr. 326. Duby, 635. Mougeot, 74. Eng. Bot. t. 1541, Jacq. Coll. 2, t. 13. Stereocaulon Madreporiforme. Hoff. Hab. sur l'écorce des arbres.

BOEOMYCES. Pers. DC. Fl. fr. 2, p. 341. Ach. Lich. 108, t. 12, f. 1, 2.

B. ERICETORUM. DC. Fl. fr. 2, p. 342. Duby, 635, 1. Mougeot, 71. B. Roseus. Pers. Ach. Lichen ericetorum Linn. Eng. Bot. t. 374. Mich. gen. 100, t. 50. Dill. t. 14. Hab. sur la terre argileuse.

B. RUFUS. DC. Fl. fr. 2, p. 342. Duby, 635, 2. B. Rupestris Pers. Mougeot, 70. B. Byssoïdes. Schœr. Jacq. Coll. 3, t. 3, f. 1. Dill. Musc. t. 14, f. 4. Hab. sur les rochers et la terre argileuse.

OPEGRAPHA. Pers. DC. Fl. fr. 2, p. 307. Arthonia, Opegrapha et Graphis. Ach. Lych. et Syn. Arthonia et Opegrapha Léon Dufour in Journ. phys. et Hist. nat. t. 87, p. 200. Graphis, Asterisca et Platygramma. Meyer. Spreng.

O. RADIATA. Pers. DC. Fl. fr. 2, p. 338. Duby, 639, 3. Arthonia Astroïdea. Ach. Syn. 6. A. vulgaris. δ Astroïdea Schœr. Hab. sur l'écorce des arbres, près le pont du Cens, au Portereau, etc.

O. NOTHA. DC. Fl. fr. 2, p. 310. Duby, 640, 7. Mougeot, 857. O. Cymbiformis Schœr. Hab. sur l'écorce des arbres.

V. α Vulvella. O. Vulvella Ach. t. 1, f. 9. DC. Fl. fr. 5, p. 169. O. Diaphora DC. Fl. fr. 170. O. Rimalis et Nimbosa Ach. Syn. 77 et 71. O. Cymbiformis α Pulicaris. Schœr. n° 97. Lichen Pulicaris Hoffm. enum, t. 3, f. 2.

V. γ Diaphora. Ach. Duby. O. Diaphora. Mougeot, 468. Ach. Eng. Bot. t. 2280. O. Signata DC. Fl. fr. 310. O. Hebraïca Dufour. O. Cymbiformis γ Hebraïca Schœr. Hoffm. Hab. sur l'écorce des arbres.

O. MACULARIS. Ach. Meth. 24. Duby, 640, 12. Mougeot, 265. O. Rugosa Schœr. O. Epiphega Eng. Bot. 1, 2882. Dichæna macularis. Fries. Heterographa macularis. Fries. Dill. Musc. t. 18, f. 2. Hab. sur l'écorce des arbres, à l'Ebaupin.

V. α Faginea O. Faginea Pers. DC. Fl. fr. 2, p. 318. Hab. sur l'écorce du hêtre.

V. γ Quercina O. Quercina Pers. DC. Fl. fr. 2, p. 307. Hab. sur l'écorce du chêne.

O. ATRA. Pers. Duby, 641, 14. Mougeot, 649, 14. Schœr. p. 48. Hab. sur l'écorce des arbres.

V. α Denigrata Schœr. O. Atra. DC. Fl. fr.

310. O. Reticulata. Fl. fr. 5 , p. 170. O. Stenocarpa.

V. β Denigrata Ach. Syn. 75. Eng. Bot.
1782. V. β Stenocarpa Schœr. exsicc. 93. O.
Stenocarpa Ach. Lich. t. 3, f. 11. DC. Fl. fr. 5,
p. 170. Hab. sur l'écorce des arbres.

O. HERPETICA. Ach. Meth. 23 α et β Syn.
72. Duby, 641, 13. Fl. fr. 309. Mougeot, 555.
Hab. sur l'écorce des arbres.

O. RUFESCENS. Pers. Duby, 641, 18. DC. Fl.
fr. 311. O. Siderella. Ach. O. Rubella et O.
OEnea. Fl. fr. 389 et 5, p. 169. Mougeot, 648. O.
Herpetica. β Disparata. Ach. 73. Hab. sur l'é-
corce des arbres, Plessis-Tison.

O. SULCATA. Pers. Mougeot, 360. Duby, 642,
26. Chev. DC. Fl. fr. 5 , p. 171. O. elegans,
Eng. Bot. 1852. Graphis elegans, Ach. Hab. sur
l'écorce des arbres, à l'Ebaupin.

O. SCRIPTA. Ach. Meth. 30. Duby, 642, 27.
Graphis scripta. Mougeot, Ach. Syn. 31. Dill.
Musc. t. 18, f. 1. Hab. sur les écorces fines
des arbres.

V. β Cerasi Ach. O. Cerasi, Pers. DG. Fl.
fr. 2, p. 310. Eng. Bot. 2301. O. Macrocarpa
Pers. O. Betulæ. DC. Fl. fr. p. 171. γ pulverulenta Ach. Schœr. exsicc. n° 89. O. Pulverulenta Pers. DC. Fl. fr. 2 , p. 311. Fl. Dan.
7, t. 1242, f. 1. Graphis pulverulenta. Mougeot,
361. δ Serpentina Schœr. Duby. O. Serpentina

Ach. Meth. Fl. fr. 2, p. 311. Graphis Serpentina Ach. Syn. 83.

O. COESIA. DC. Fl. fr. 2, p. 309. Arthonia Lyncea Ach. Syn. 7. Graphis cœsia Spren. Eng. Bot. t. 809. Habite sur l'écorce des arbres.

O. MEDUSULA. Pers. Duby, 643, 29. DC. Fl. fr. 5, p. 171. Op. Scripta ζ Dendritica Schœr. Asterisca Medusula Meyer et Spreng. Hab. sur les arbres, près le pont du Cens.

O. DENDRITICA. Ach. Meth. t. 1, f. 10. Duby, 643, 30. Eng. Bot. 1756. Arthonia dendritica Duf. Graphis dendritica Ach. Platygramma dendriticum Mey. Spreng. Hab. sur les écorces d'arbres, à la Patouillère.

O. CYNICA. Microcarpa et Harpalea de Desvaux, trouvés sur les écorces d'arbres, au Porteeau, ne sont cités par aucun auteur.

STIGMATIDIUM. Meyer. p. 328. Opegraphæ DC.

S. CRASSUM. Duby, 643. Mougeot, 955. S. obscurum Spreng. Opegrapha crassa DC. Fl. fr. 2, p. 314. Porina aggregata et porina taxicola Ach. Syn. 112 et 113. Arthenia crassa Dufou. Hab. sur le bois pourri d'une tonnelle, à l'Eaupin.

VERRUCARIA. Pers. DC. Fl. fr. p. 313. Schœr. p. 53. Verrucaria et Pyrenula.

V. EPIDERMIDIS. Duby, 644, 1. Ach. Meth. 18. DC. Fl. fr. 851. Mougeot, 363. Sphœria epidermidis Fries Syst. Myc. 2, p. 499. Hab. sur l'écorce du bouleau, au Portereau.

V. PUNCTIFORMIS. Pers. Duby, 644, 3. DC. Fl. fr. 853. V. Hyloïca et Microcarpa DC. Fl. fr. 857 et 858. Hab. sur les jeunes écorces.

V. NITIDA. (Schrad. Journ. Bot. 1801, p. 79.) Duby, 645, 10. DC. Fl. fr. 861. V. populnea. DC. Syn. 67. pyrenula nitida Ach. Mougeot, 365. Sphœria nitida Weigh. Observ. t. 2, f. 14. Hab. sur l'écorce du charme, du hêtre, du noisetier.

V. LEUCOCEPHALA. (Ach. Meth. 116.) Duby, 645, 11. Pyrenula leucocephala. Mougeot, 757. Pyrenothea fuscella Fries. Lich. Suec. Fasc. 7, n° 194. Hab. sur les arbres du petit chemin de l'Ebaupin.

V. STYGMATELLA. Ach. V. atomaria. V. β de V. epydermidis. Ach. DC. Fl. fr. 2, p. 215. Hab. sur l'écorce des arbres, forêt du Gâvre.

PATELLARIA. Hoffm. Lich. prod. 36. DC. Fl. fr. 2, p. 345. Lecidea Sp. Ach. Lecidea et Patellaria Mey. Spreng.

P. ALBA. Duby, 648, 13. Lecidea alba. Ach. Lepra lactea DC. Fl. fr. 2, p. 322. Lichen lacteus. Hoffm. Eng. Bot. t. 1349. Hab. sur les troncs d'arbres, aux Dervallières.

P. PARASEMA. DC. Fl. fr. 2, p. 347. Duby, 648, 15. Mougeot, 745. Lecidea parasema. Ach. Syn. 17. Lichen Sanguinarius, Hoffm.

P. PETRAEA. DC. Fl. fr. 2, p. 348. Duby,

47, 3. Mougeot, 744. Lecidea petræa. Ach.
Hoffm. Lich. t. 50, f. 1, 2, t. 57, f. 1. Wulf in
Jacq. Coll. 3, t. 6, f. 2. Hab. sur les rochers.
Pesneau.

P. ELOEOCHROMA. Duby, 650, 29. Lecidea
eloeochroma. Ach. Syn. 18. Mougeot, 746. Hab.
les écorces d'arbres, au Portereau, les bois de
l'Ebaupin.

P. SANGUINARIA. Duby, 651, 40. Lecidea
Sanguinaria. Ach. Mougeot, 81, 2. Verrucaria
Sanguinaria. Hoffm. Lich. 2, t. 41, f. 1. DC. Fl.
fr. 316. Eng. Bot. t. 153. Hab. l'écorce des
arbres. Pesneau.

P. INCANA. Spreng. Syst. 4, p. 265. Duby,
652, 49. Lecidea incana. Ach. Syn. 36. Lepra
incana. DC. Fl. fr. 5, p. 175. Mougeot, 432. Eng.
Bot. 1683. Hab. sur le bois pourri d'une
vieille mâsure, chemin de l'Ebaupin.

P. FERRUGINEA. Hoffm. Lich. t. 12, f. 1 et t.
25, f. 1. Duby, 655, 69. Mougeot, 1055. DC.
Fl. fr. 2, p. 358. Lecidea cinerea fusea. Ach.
Hab. sur l'écorce des arbres.

P. GEOGRAPHICA. Duby, 656, 78. Lecidea atro
virens. Ach. Verrucaria atro virens et geogra-
phica. Hoffm. Lich. t. 17, f. 4 et t. 54, f. 2.
Phyzocarpum geographicum. Mougeot, 640.
DC. Fl. fr. 2, p. 365. Dill. Musc. t. 18, f. 5.
Hab. sur les arbres, au Portereau.

PSORA. DC. Fl. fr. 2, p. 367. Psora Sp.
Hoffm. Lecidea Sp. Ach.

P. VESICULARIS. DC. Fl. fr. 2, p. 368. Duby,

657, 3. Lecidea vesicularis. Mougeot, 172. Ach.
P. opuntioïdes DC. Fl. fr. 2, p. 368. Lichen
opuntioïdes Vill. Dauph. 3, t. 35. Lichen
cœruleo nigricans. Eng. Bot. t. 1139. Hall.
helv. t. 47, f. 3. Hab. sur le mur de Procé, près
Grillaud.

P. decipiens. Hoffm. Lich. t. 43, f. 1 et 2.
Duby, 658, 8. DC. Fl. fr. 2, p. 369. Lecidea de-
cipiens. Ach. Mougeot, 58. Lichen decipiens.
Hedw. Eng. Bot. t. 870. Lichen dispermus. Vill.
Dauph. 3, t. 35. Hab. sur la terre, à Arthon.
Pesneau.

SQUAMMARIA. DC. Fl. fr. 2, p. 374. Chev.
Fl. par. 1, p. 638. Lecanora Sp. Ach. Psora.
Sp. Hoffm.

S. crassa. DC. Fl. fr. 2, p. 375. Duby,
659, 10. Lecanora crassa. Ach. Mougeot, 1051.
Lichen laqueatus Jacq. Coll. 3, t. f. 2. Lichen
cœspitosus. Vill. Dauph. 3, t. 55. Dill. Musc. t.
24, f. 74. Hab. rochers calcaires, à Ancenis,
Liré.

S. smithii. DC. Fl. fr. 2, p. 375. Duby, 659,
11. Lecanora smithii. Ach. Mougeot, 1148.
Lichen gypsaceus Smith. Mich. Gen. 94, t. 1, f.
1. Hab. sur la terre, Arthon. Pesneau.

S. lentigera. DC. Fl. fr. 2, p. 376. Duby,
660, 14. Lecanora lentigera Ach. Mougeot, 68.
Ach. Psora lentigera Hoffm. Lich. t. 48, f. 1.
Eng. Bot. t. 871. Hab. sur la terre, à Arthon.
PLACODIUM. DC. Fl. fr. 2, p. 377. Le-
canora Sp. Ach. Parmeliæ Sp. Spreng.

P. CANECENS. DC. Fl. fr. 2, p. 379. Duby, 661, 10. Mougeot, 1152. Lecidea canescens. Ach. Lichen canescens. Diks Crypt. 1, t. 2, f. 5. Eng. Bot. t. 282. Hab. sur les bords du rocher, près du Portereau, et les arbres de l'Ébaupin.

P. FULGENS. DC. Fl. fr. 2, p. 378. Duby, 662. Lecanora fulgens. Ach. Mougeot, 1052. Psora citrica Hoffm. Lich. t. 48, f. 2. Lichen fulgens. Swartz. Hab. sur la terre, plaine d'Arthon. Pesneau.

P. CANDELARIUM. DC. Fl. fr. 2, p. 578. Mougeot, 743. Lichen candelarius. Linn. Dill. Musc. t. 18, f. 18. Hab. sur les troncs d'arbres, sur les murs. Pesneau.

P. MURORUM. DC. Fl. fr. 2, p. 378. Duby, 662, 15. Lecanora murorum. Ach. Mougeot adden. 457. Lichen murorum. Hoffm. Lichen, t. 9, f. 2. Wulf. in Jacq. Coll. 3, t. 6, f. 1 Hab. sur les murs de la chapelle de Bethléem.

P. ALBESCENS. DC. Fl. fr. 2, p. 380. Duby, 660, 5. Lecanora galactina. Ach. Psora albescens Hoffm. Hab. sur un mur, à Barbin.

LECANORA. Sp. Ach. Patellariæ, Sp. DC. Parmeliæ, Sp. Spreng.

L. CERINA. Ach. Lich. 390. Mougeot, 460. Duby, 663, 9. Patellaria cerina. Hoffm. Lich. t. 33, f. 1. DC. Fl. fr. 2, p. 360. Hab. sur l'écorce des arbres, aux Dervallières.

L. SUBFUSCA. Ach. Lich. 375. Duby, 664, 10. Mougeot, 740. Patellaria subfusca. Hoffm. Lich. t. 5, f. 3. DC. Fl. fr. 2, p. 362. Dill. Musc.

t. 18, f. 16, t. 55, f. 8. Hab. commun sur l'écorcé des arbres.

L. BRUNNEA. Ach. Lich. 419. Duby, 666, 26. Mougeot, 639. Lecidea microphylla γ Pezizoïdes. Schœr. Patellaria nebulosa. Hoffm. Dill. t. 40, f. 1. P. Brunnea. DC. Fl. fr. 2, p. 350. Lichen brunneus. Eng. Bot. t. 1246. L. Pezizoïdes. Dicks, t. 2, f. 4. Hab. sur la terre et les mousses décomposées.

L. PARELLA. Ach. Lich. 370. Duby, 667, 32. Mougeot, 1145. Patellaria. parella. Hoff. Lich. t. 12. DC. Fl. fr. 2, p. 364. Lichen parellus. Linn. Eng. Bot. t. 727. Dill. Musc. t. 18, f. 10. Hab. sur les arbres, les rochers.

L. TARTAREA. Ach. Lich. 372. Duby, 667, 33. Mougeot, 69. Patellaria tartarea. DC. Fl. fr. 2, 364. Lichen tartareus. Linn. Eng. Bot. t. 156. Dill. Musc. t. 18, f. 13. Hab. sur les arbres, à l'Éhaupin.

L. ANGULOSA. Ach. Lich. 364. Duby, 668, 38. Patellaria angulosa. DC. Fl. fr. 2, p. 363. Hab. sur l'écorce des arbres.

L. LUTESCENS. Ach. Lich. 367. Duby, 668, 43. Lichen expallens. Ach. Lich. 374. Patellaria lutescens. DC. Fl. fr. 2, p. 354. Hab. sur les arbres, au Portereau.

L. ATRA. Ach. Lich. 344. Duby, 670, 55. Mougeot, 458. Patellaria Tephromelas. DC. Fl. fr. 2, p. 362. Lichen ater Huds. Eng. Bot. t. 949. Hab. sur les arbres, au Portereau.

URCEOLARIA. Ach. Meth. 141. Lichen. univ. 74, t. 6, f. 8, 11. DC. Fl. fr. 2, p. 370.

U. scruposa. Ach. Meth. 147. Duby, 670, 2. Mougeot, 169. DC. Fl. fr. 2, p. 372. U. Gibbosa. Ach. Syn. 139. Lichen pertusus. Wulf. in Jacq. Coll. 2, t. 13, f. 3. Lich. fibrosus. Eng. Bot. t. 1732. Dill. Musc. t. 18, f. 15. Hab. sur les murs, village de Barbin.

U. tessulata. DC. Fl. fr. cinerea. Duby, 671, 10. Verrucaria ocellata. Hoffm. Lich. t. 20, f. 2. Lichen cinereus. Linn. Eng. Bot. t. 1751. Lecanora cœcula. Ach. Sagedia depressa. Ach. Hab. sur les murs, les rochers.

PERTUSARIA. DC. Fl. fr. 2, p. 319. Porina Ach. porophoræ. Spreng.

P. communis. DC. Fl. fr. 2, 320. Duby, 672, 4. Mougeot, 171. Porina pertusa. Ach. Lich. t. 7, f. 1. Lichen pertusus. Linn. Eng. Bot. t. 677. Mich. Gen. 1, 52. Hab. sur l'écorce des arbres, à l'Ébaupin.

P. pustulata. Duby, Porina pustulata. Ach. porophora pustullata Spreng. Hab. au Plessis-Tison.

P. leioplaca. Schœr. Duby, 673, 7. Porina Leioplaca. H. Mougeot, 847. Hab. sur l'écorce des arbres, à l'Ébaupin.

THELOTREMA. Ach. Meth. 130. Volvaria. DC. Fl. fr. 2, 373. Antrocarpum Meyer.

T. lepadinum. Ach. Meth. 132. Duby, 673, 1. Mougeot, 257. Volvaria truncigena. DC. Fl. fr.

p. 374. Lichen inclusus. Eng. Bot. t. 678. Hab. sur l'écorce des arbres, au Portereau.

T. VARIOLARIOÏDES. Ach. Duby. 674, 4. Hab. sur l'écorce du charme, du peuplier et du frêne, dans les bois de l'Ebaupin et du Portereau.

VARIOLARIA. Pers. DC. Fl. fr. 2, p. 324. Ach. Lich. 67, t. 5, f. 1-9. Pertusaria parmeliæ. Meyer. Spreng.

V. VERRUCULOSA. Delise. ined. Desvaux, Duby, 674, 2. Hab. sur l'écorce des arbres, aux Dervallières.

V. COMMUNIS. Ach. Lich. 322. Duby, 674, 3. Mougeot, 264. Hab. sur l'écorce des arbres, à l'Ebaupin.

V. DISCOÏDEA. Pers. Chev. t. 12, f. 3. Duby, 674, 4. DC. Fl. fr. 2, p. 176. V. amara. Ach. Verrucaria discoïdea Hoffm. Lichen fagineus. Eng. Bot. t. 1713. Hab. sur les vieux troncs d'arbres.

CONIOCARPON. DC. Fl. fr. 2, p. 323. Spiloma. Ach. univ. 23. Conioloma Florke.

C. CINNABARINUM. DC. Fl. fr. 2, p. 323. Duby, 675, 3. Mougeot, 651. Spiloma tusmidulum. Ach. Lich. 136. Hab. sur les écorces d'arbres, à l'Ebaupin et aux Dervallières.

LEPRA. Hall. helv. DC. Fl. fr. 2, p. 322. Lepraria. Ach. Lich. 132, t. 14, f. 12 et 13.

L. CHLORINA. DC. Syn. gall. 68. Duby, 676, 1. Pulveraria chlorina. Ach. t. 1, f. 1. Eng.

Bot. t. 2038. Sporotrichum pulveraria. Linck. Hab. sur les vieilles écorces, à la Houssinière.

L. FLAVA. Ach. Lich. 663. DC. Fl. fr. 2, p. 175. Duby, 676, 2. Lichen flavus Eng. Bot. t. 1350. Fl. dan. t. 899, f. 2. Parmelia citrina δ flava. Ach. Lich. 180. Patellaria candelaris. Fl. fr. 2, p. 359. Hab. à la Houssinière.

L. PHOSPHOREA. Desvaux non auctorum. Cette espèce est phosporescente, et a été trouvée à la Houssinière.

L. SULFUREA. Ehr. Crypt. 21, n° 208. Duby, 676, 6. Ach. Syn. 330. Hab. sur l'écoree des arbres, à la Houssinière.

L. VELUTINA. Desvaux. Lecidea viridescens. Chev. 573, 36. Lichen virescens. Schrad. Fl. germ. 1, p. 88. Lichen velutinus Linnée. Byssus velutinus. Moug. 696. Hab. sur l'écorce des arbres, à la Maillardière.

L. BOTRYOÏDES. DC. Fl. fr. 2, p. 322. Duby, 676, 7. Ach. Syn. 331. Byssus botryoïdes. Linn. palmella botryoïdes. Ach. Alg. 14. Hab. sur les écorces des vieux arbres.

L. ANTIQUITATIS. Ach. Duby, 677, 10. DC. Fl. fr. 2, p. 322. Byssus antiquitatis. Linn. Lichen. Antiquitatis. Hoffm. Hab. sur les rochers, les vieux murs.

Les Hypoxylées. DC. Fl. fr. 2, p. 280.

Xylomici Will. Pyrenomycotes. Fries 1. Tribu sphériacées. Fries Myc. p. 318. Adolphe Brongn. Cl. Champ. p. 94.

SPHOERIA. Haller. hist. III, p. 120. Tode,
2, p. 7. Fl. fr. 2, p. 282. Fries Syst. Myc. 2,
p. 319. Hypoxylon et Variolaria. Bull. sphœria et Depazea. Ad. Brong. Xylaria stromatosphœria, curcubitaria, cryptosphœria et sphœria.
Greville.

S. MILITARIS. Ehrh. DC. Fl. fr. 2, p. 282.
Sow. Fung. t. 60. Duby, 678. Pers. ob. 2, t. 2,
f. 3. Clavaria militaris. Linn. Clavaria granulosa.
Bull. t. 496, f. 1. Vaillant, Bot. t. 7, f. 4. Hab.
dans des mousses, à la Verrière, à la Ramée.
Renou.

S. DIGITATA. Ehrh. DC. Fl. fr. t. 2, p. 284.
Duby, 678, 6. Pers. obs. t. 1, f. 1-6. Clavaria
digitata. Linn. Bull. t. 220. C. Ophioglossoïdes.
Mougeot, 565. Clavaria hypoxylon. Schœff. t.
265. Hab. le parc des Dervallières, la Houssinière.

S. HYPOXYLON. Ehrh. Duby, 678, 8. Sow. t.
55, 8. Pers. Desmaz. 331. Mougeot, 272.
Sphœria cornuta. Hoffm. t. 3, f. 1. Fl. fr. 2,
p. 283. Clavaria hypoxylon. Linn. Bull. t. 180.
Mich. Gen. t. 55, f. 1. Hab. parc des Dervallières.

S. PUNCTATA. Sow. Fung. t. 54. Fries. Duby,
679, 11. DC. Fl. fr. 2, p. 288. Mougeot, 958. S.
Poronia Pers. S. Truncata. Bolt. t. 127, f. 2.
Peziza punctata. Linn. Bull. t. 252. Hab. in fimo
equino et asino.

S. CONCENTRICA. Bolt. t. 180. Duby, 679, 12.
Fl. fr. 2, p. 284. Fries, 2, p. 331. S. Fraxinea.

Sow. t. 160. Lycoperdon atrum. Schœff. t. 329.
Hab. sur les frênes. Pesncau.

S. FRAGIFORMIS. Pers. Syn. 9, t. 1, f. 1, 2.
Duby, 679, 13. Schmidt. Mougeot, 273. Desmaz. édit. 1, 282; édit. 2, 957. Gréville, t. 136.
S. Bicolor. DC. Fl. fr. 2, p. 286. Hypoxylon
coccineum. Bull. t. 495, f. 2. Hall. helv. t. 47,
f. 10. Sphœria lateritia. DC. Fl. fr. 5, p. 137.
Hab. aux Dervallières.

S. FUSCA. Pers. Ann. Bot. 2, t. 2, f. 3. DC.
Fl. fr. 2, 287. Duby, 679, 14. Mougeot, 178.
Desmaz. 476. S. Glomerulata et S. Coryli. DC.
Fl. fr. 2, p. 287. Hypoxylon glomerulatum. Bull.
468, f. 3. S. Tuberculosa. Bolt. 123, f. 1. Sow.
t. 374, f. 8. Dill. Musc. t. 18. f. 7. Hab. sur les
écorces, à la Houssinière.

S. COHOERENS. Pers. Syn. 11. Duby, 680, 16.
DC. Fl. fr. 2, p. 286. Mougeot, 764. Hab. sur
l'écorce du hêtre et d'autres arbres.

S. GRANULATA. Sow. Fung. t. 355. Duby,
680, 17. DC. Fl. fr. 2, p. 286. S. Rubiformis.
Pers. Ann. Bot. 2, t. 2, f. 1. S. Peltata. DC.
Fl. fr. 2, p. 287. S. Argillacea. Pers. Icon.
pict. t. 3, f. 1, 3. S. Multiformis. Fries.
Hypoxylon granulosum. Bull. 487. Hab. à l'E-
baupin, sur l'écorce d'un arbre mort, et au
Portereau.

S. TYPHINA. Pers. Syn. 29. Icon. Pict. t. 7, f. 1.
Duby, 680, 23. DC. Fl. fr. 2, p. 292. Nees. f.
314. Desmaz. 1re édit. 38, 2e édit. 958. Dothidea
typhina. Mougeot, 79. Fries. p. 553. Polystigma
typhina. DC. Stromatosphœria typhina. Gré-

ville, cr. Fl. t. 204. Hab. sur les chaumes vivants des Graminées.

S. ATROPURPUREA. Tode, 2, f. 105. Fries Syst. Myc. 2, p. 340. Duby, 681, 26. Mougeot, 765. S. Vogesiaca. Pers. Hab. sur l'écorce pourrie des hêtres.

S. DEUSTA. Hoffm. cr. 1, t. 1, f. 2. DC. Fl. fr. 2, p. 283. Mougeot, 276. Desmaz. 1re éd. 710, 2e éd. 960. Duby, 681, 22. S. Maxima. Bolt. 181. Sow. t. 338. Hypoxylon ustulatum. Bull. t. 487, f. 1. Mich. Gen. t. 54, f. 1. Hab. dans les forêts, sur les vieux troncs d'arbres.

S. NUMMULARIA. DC. Fl. fr. 2, p. 290. Duby, 682, 35. Mougeot, 374. Sphœria anthracina. Smidt. Myc. 2, t. 1, f. 16. S. Diffusa. Sow. t. 373. Hypoxylon nummularium. Bull. t. 468. Hab. sur les rameaux et les troncs d'arbres morts.

S. BULLATA. Ehrh. exs. n° 199. Duby, 682, 36. Mougeot, 866. Desmaz. 1re éd. 432, 2e éd. 961. DC. Fl. fr. 5, p. 121. Hoffm. Cr. t. 2, f. 3. Pers. ic. Pict. t. 3, f. 6, 7. S. Depressa. Bolt. t. 122. f. 1. Sow. t. 216. Hab. sur les branches sèches du saule et du coudrier.

S. UNDULATA. Pers. Syn. 21. Duby, 682, 37. Mougeot, 371. Desmaz. 1re éd. 617, 2e éd. 962. DC. Fl. fr. 5, p. 120. Stromatosphæria undulata Gréville Crypt. Fl. t. 223, f. 1. Hab. sur les rameaux morts du coudrier, au Plessis-Tison.

S. STIGMA. Hoffm. Cr. 1, t. 2, f. 1. Duby, 682, 38. Nees Syst. t. 319. Mougeot, 272. Stro-

matosphœri stigma Gréville. Crypt. Fl. t. 223,
f. 2. Hypoxylum operculatum Bull. t. 478, f. 2.
Mich. Gen. t. 55, f. 2. Hab. commun sur les
écorces, aux Dervallières.

S. QUERCINA. Pers. Syn. t. 1, f. 7, 8. Duby,
683, 48. Desmaz. 1re éd. 2052, 2e éd. 1752.
Mougeot, 868. DC. Fl. fr. 5, p. 120. Nees.
Syst. f. 321. Hab. sur l'écorce du chêne, à l'E-
baupin.

S. FIMETI. Pers. Syst. Myc. 2, p. 376. Duby,
685, 66. DC. Fl. fr. 5, p. 134. Fries. Syst.
Myc. 2, p. 375. Hab. sur le crotin sec.
Pesneau.

S. PRUNASTRI. Pers. Syn. 37. Duby, 686, 69.
Desmaz. 478. Mougeot, 378. DC. Fl. fr. 5, p.
126. Hab. sur les rameaux desséchés du prunier
et du cerisier.

S. DECORTICANS. Fries. Syst. Myc. 2, p. 396.
Duby, 689, 94. Mougeot, 768. Spheria peni-
cillus Pers. Hab. sur l'écorce du chêne, à
l'Ebaupin.

S. LEIPHAEMIA. Fries. Syst. Myc. 2, p. 399.
Duby, 689, 97. Mougeot, 961. Desmaz. 1re éd.
1256, 2e éd. 756. Spermodermia clandestina
Tode 1, t. 1, f. 1. DC. Fl. fr. 6, p. 17. Kunze.
Myc. 2, p. 95, t. 2, f. 6. Hab. sur l'écorce
d'un acacia, au Plessis-Tison.

S. STILBOSTOMA. Fries. Duby, 689, 101. S.
Hystrix. Mougeot, 569. Tode 2, p. 94. Desmaz.
1re éd. 1257, 2e éd. 757. Hab. sur les écorces
d'arbres, à la Maillardière.

S. ᴘᴜʟᴄʜᴇʟʟᴀ. Pers. Syn. 43. DC. Fl. fr. 6 , p. 127. Nees Syst. p. 305 , f. 333. Mougeot, 279. Duby, 690, 104. Desmaz. 1ʳᵉ éd. 963, 2ᵉ éd. 263. Gréville. Crypt. Fl. t. 67. Hab. sur l'écorce du cerisier.

S. ᴄɪɴɴᴀʙᴀʀɪɴᴀ. Tode 2, p. 9, f. 68. Duby, 690 , 108. Desmaz. 1ʳᵉ éd. 34 , 2ᵉ éd. 970. S. Decolorans. Mougeot , 570. S. Pezizoïdes. DC. Fl. fr. 6, p. 125. S. Fragiformis With. Sow. t. 256. non Pers. Cucurbitaria cinnabarina Gréville. Crypt. f. t. 135. Hab. sur les écorces d'arbres , à l'Ebaupin.

S. ᴄᴏᴄᴄɪɴᴇᴀ. Pers. Syn. 49. Iconog. Pict. t. 12 , f. 2. AC. DC. Fl. fr. 6 , p. 126. Mougeot, 180. Desmaz. 380. Duby, 691, 109. S. Decidua Tode 2 , f. 104. S. Mori With. Sow. t. 255. Hab. sur l'écorce d'un sapin, au Plessis-Tison.

S. ʟᴀʙᴜʀɴɪ. Pers. Syn. 50. Duby, 691, 113. Mougeot, 873. DC. Fl. fr. 2 , p. 292. Desmaz. 1ʳᵉ éd. 840 , 2ᵉ éd. 40. Nees. Syst. f. 325. Fries. Syst. Myc. 2 , p. 413. Hab. sur le cytise , au Plessis-Tison. Mars.

S. ᴀᴄɪɴᴏsᴀ. Fries. Syst. Myc. 2 , p. 422. Duby , 693, 131. Mougeot, 769. Hab. sur l'écorce du tilleul et de l'ormeau , et sur l'écorce du pin maritime , aux Dervallières. Mars.

S. ʙʏssɪsᴇᴅᴀ. Tode 2, t. 9 , f. 69. VA. Fries. Syst. Myc. 2, p. 442. Duby, 697, 164. Hab. sur les bois pourris d'une vieille mâsure , chemin de l'Ebaupin. Février.

S. sᴀɴɢᴜɪɴᴇᴀ. Sibth. 404. Duby, 698 , 178. Bolton, t. 121, f. 1. DC. Fl. fr. 2, p. 297. Sow.

t. 254. Nees. Syst. f. 360. Gréville, Crypt. Fl. t. 175, f. 1. Hypoxylon phœniceum Bull. 487, f. 3.

S. TRIFOLII. Pers. Syn. 30. Duby, 695, 154. Mougeot, 1167. Desmaz. 1re éd. 180, 2e éd. 976. DC. Fl. fr. 6, p. 153. Hab. sur les feuilles des trèfles. Pesneau. Novembre.

S. GRAMINIS. Pers. obs. 1, t. 1, f. 1, 2. Syn. 30. Mougeot, 876. Desmaz. 1re éd. 968, 2e éd. 268. Nees. Syst. 314. DC. Fl. fr. 2, p. 291. Duby, 695, 151. Hab. sur les feuilles des graminées malades. Pesneau. Septembre.

S. SPERMOÏDES. Hoffm. Crypt. 2, t. 3, f. 3. Duby. 699, 187. DC. Fl. fr. p. 297. Mougeot, 484. Desmaz. 1re éd. 336, 2e éd. 977. Grevill. Crypt. Fl. t. 6. Sph. Globularia. Batsch. f. 180. Hypoxilon miliaceum. Bull. 444, f. 3. Hab. sur le bois mort dépouillé d'écorce. Pesneau.

S. OVINA. Pers. Syn. 71. Duby, 697, 167. S. Mucida α et β Tode. S. Lichenoïdes. Sow. t. 373, f. 12. Hab. sur les troncs d'arbres dénués d'écorce et sur les écorces du peuplier. Delalande.

S. MILLEPUNCTATA. Duby, 703, 224. Cryptosphœria millepunctata. Gréville Crypt. Fl. t. 360. Hab. sur les feuilles du chêne vert, à la Porterie, près de Petit-Port. Mai.

S. CLANDESTINA. Fries. Syst. 2, p. 484. Duby, 703, 230. Hab. sur les bois morts dépourvus d'écorce, au Plessis-Tison. Avril.

S. PINASTRI. DC. Fl. fr. 6, p. 133. Duby,

904, 235. Mougeot, 772. Cytispora pinastri. Syst. Myc. 2, p. 554. Cryptosphœria taxi. Gréville Crypt. Fl. t. 13. Hab. dans un bois de sapin, à Barbin. Octobre.

S. TAXI. Sow. Eng. Fung. t. 394, f. 6. Duby, 248. Fries. Syst. Myc. 2, p. 500. Mougeot, 1079. Desmaz. 1re éd. 280, 2e éd. 981. Hab. sur les feuilles malades des conifères. Novembre.

S. ACUTA. Hoffm. cr. 1, t. 5, f. 2. DC. Fl. fr. 6, p. 132, Duby, 706, 356. Sow. 119. Mougeot, 181. Desmaz. 36. Cryptosphœria acuta. Gréville Crypt. Fl. t. 239. Hab. sur les tiges d'orties, aux Dervallières. Mêlée à la var. Mammilaris de Desvaux. Octobre.

S. COMPLANATA. Tode 2, t. 11, f. 88. Duby, 706, 259. DC. Fl. fr. 2, p. 299. Mougeot, 82. Desmaz. 37. Sph. herbarum. V. a. Pers. Sp. herbarum. DC. Fl. fr. 6, p. 134. S. Patella. DC. Syn. Gall. Hab. sur des feuilles de houx, aux Dervallières. Automne.

S. PATELLA. Pers. Syn. 76. Duby, 707, 267. Mougeot, 485. Desmaz. 1re éd. 215, 2e éd. 415. Heterosphœria Patella Grevill. 12. Fl. t. 103. Peziza Ligustici. DC. Fl. fr. 5, p. 21. Phacidium Patella. B. Campestre. Fries. Fung. 2, p. 133. Hab. sur les tiges desséchées d'ombellifères, parc des Dervallières. Septembre.

S. PUNCTIFORMIS. Pers. Syn. 90. Duby, 710, 297. DC. Fl. fr. 2, p. 299. Mougeot, 662. Desmaz., 1re éd. 2094, 2e éd. 1794. S. Craterium. DC. Fl. fr. 2, p. 298. Hab. sur les feuilles de chêne. Pesneau.

S. **CRUCIFERARUM**. Fries Syst. Myc. 2, p. 525. Duby, 710, 300. Desmaz., 1ʳᵉ éd. 985, 2ᵉ éd. 285. Hab. sur les feuilles et les siliques des crucifères.

S. **BUXICOLA**. Fries. Syst. Myc. 2, p. 528. Duby, 711, 305. S. Lichenoïdes V. Buxicola. DC. Fl. fr. 6, p. 149. Mougeot, 974. Phyllosticta Limbalis. Pers. p. 148. Hab. sur des feuilles de buis.

S. **ILICICOLA**. Fries. Duby, 711, 306. Hab. sur des feuilles vivantes du houx.

S. **HEDEROECOLA**. Fries. Duby, 711, 307. S. Lychenoïdes. V. Hederœcola Fl. fr. 6, p. 148. Phylosticta Hialyna. Pers. Hab. sur des feuilles vivantes de lierre, à l'Ebaupin, aux Dervallières.

S. **MYRIADEA**. DC. Fl. fr. 6, p. 145. Duby, 710. Mougeot, 1175. Desmaz., 1ʳᵉ éd. 1790. 2ᵉ éd. 1440. Hab. sur les feuilles tombées du chêne.

S. **HYLOMOÏDES**. DC. Fl. fr. S. Almi Schleich. Crypt. Exsic, 73. Mougeot, 766. Hab. sur les feuilles d'ormeau. Pesneau.

S. **DISCIFORMIS**. Hoffm. Mougeot, 80. Desmaz., 1ʳᵉ éd. 618, 2ᵉ éd. 964. Variolaria Punctata. Bull. p. 185, t. 432, f. 2. Pers. Syn. 24. Hab. sur l'écorce du hêtre. Pesneau.

S. **CORYLI**. Batsch. Mougeot, 877. Desmaz., 1ʳᵉ éd. 1762, 2ᵉ éd. 1412. S. Fusea. Pers. Syn. 12. Schleich. Crypt. Exsic. 68. Hab. sur le coudrier.

S. HISPIDA. Pers. Syn. 73. β S. Acinosa Tode DC. Fl. fr. 6 , p. 140. Hab. sur les branches mortes du chêne et dénudées d'écorce. Pesneau.

XYLOMA. Nobis. Dothidea Fries. Sphœriæ. DC.

X. ACERINUM. Pers. Syn. 104. Dysp. Meth. p. 6. Mougeot, 77. Mucor Granulosus. Bull. 109 , t. 504 , f. 13. DC. Fl. fr. 815. Hab. sur les feuilles des érables.

X. MULTIVALVE. DC. Fl. fr. 2 , p. 303. Hab. sur les feuilles de houx.

X. LICHENOÏDES. DC. Fl. fr. 2 , p. 304. Sphœria Punctiformis. Var. γ Pers. Syn. 91. Hab. Elle forme différentes variétés, suivant qu'elle se développe sur les feuilles du chêne, du hêtre ou du châtaignier.

DOTHIDEA. Fries. obs. 2, p. 347. Syst. Myc. p. 548. Ad. Brong. p. 94. Sphœriæ et Xylomatis. Polystigma et Asteroma. DC.

D. ULMARIAE. Fries. Duby , 715, 18. Hab. aux Cléons , sur les tiges de la Spirea ulmaria.

D. ANEMONES. Fries. Syst. Myc. 2 , p. 563. Duby, 716, 33. Sphœria anemones. DC. Fl. fr. 6, p. 143. Mougeot, 487. Hab. au pont du Cens, sur les feuilles, les tiges et même les petales de l'anemone Sylvie.

CEUTHOSPORA. Grev. Crypt. Fries. p. 159.

C. **phacidioïdes**. Grev. Crypt. f. t. 253. Desmaz. 1re éd. 571 , 2e éd. 421. Duby , 725. Xyloma multivalve. DC. Fl. fr. 2, p. 303. Phacidium multivalve. Schmidt. Fries. Syst. Myc. 2, p. 576. Mougeot, 560. Sphœria hederœ. C. Ilicis. Nees. Myc. t. 2. f. 53. Sp. Bifrons. Sow. 316. Hab. à la Houssinière, sur des feuilles de houx.

C. **fungi**. Ad. Brongn. in Dict. Class. 3, p. 461. Class. Champ. p. 76. Hymenomycetes. Fries. Syst. Myc. 1 , p. 1; Syst. orb. veg. 1 , p. 63. Fungorum. pars. DC.

DACRYMYCES. Nees. Fries. Myc. 2, p. 228. Ad. Brongn. p. 79. Tremellæ. Sp. Pers. DC.

D. **fragiformis**. Nees. Syst. p. 115. Duby, 729. Tremella fragiformis. Pers. icon. Pict. t. 10, f. 1. Myc. eur. p. 99. Hab. à la Houssinière.

D. **urticae**. Fries. Duby , 729 , 4. Mougeot, 396. Desmazières. 1re éd. 327 , 2e éd. 402. Tremella urticæ. DC. Fl. fr. 5 , p. 28. T. Sœpincola. Wild. Hab. sur les tiges desséchées d'orties. Septembre.

TREMELLA. Fries. Syst. Myc. p. 210. Ad. Brongn. p. 80. Tremellæ pers. DC.

T. **helvelloïdes**. DC. Fl. fr. 2. p. 93. Gyrocephalus juratensis Pers. Guepinia tremelloïdes. Fries. Syst. orb, p. 92. Hab. sur la terre humide , au Portereau. Mars.
Je l'ai trouvée plusieurs fois sans pouvoir la conserver.

T. **fimbriata**. Pers. obs. Myc. 1, p. 97. Duby,

730 , 2. Tremella verticalis. Bull. t. 272. T. Mesenteriformis. Bull. 272, 499. f. 6, X. DC. Fl. fr. 2, p. 92. T. Tinctoria. Pers. Myc. 1, p. 101. T. Undulata. Hoffm. t. 7, f. 1. Hab. sur les branches d'aulne, à la Houssinière. Octobre.

T. MESENTERICA. Retz. 1769, p. 249. Duby, 731. Jacq. Misc. 1, p. 142. Eng. Bot. t. 709. T. Chrysocoma. Bull. t. 74. T. Auriformis. Hoffm. t. 6, f. 4. T. Expansa. Cheval. Vaill. Bot. t. 14, f. 4. Hab. sur les branches tombées de vieux arbres. Hiver.

T. SARCOÏDES. With. 4, p. 78. Duby, 731 , 9. Eng. Bot. 2540. T. Dubia. Pers. Syn. 230. T. Ametysthea. Bull. t. 499. DC. Fl. fr. 2, p. 91. Coryne ac ospermum. Nees. Syst. f. 143. Hab. sur les vieilles branches tombées à terre. Nov.

T. CONSPURCATA. Desvaux. Non aliorum auctorum. Hab. sur les bois pourris, à la Houssinière et au Plessis-Tison.

NOTA. Il est plusieurs autres Tremelles qui, trop gélatineuses pour pouvoir être conservées dans l'herbier, m'offrent trop peu de souvenir pour être consignées dans ce Catalogue.

EXIDIA. Fries. Syst. Myc. 2, p. 120. Ad. Brongn. auriculariæ et tremella. Pers.

E. GLANDULOSA. Fries. Duby, 732, 3. Tremella glandulosa Bull. 420. DC. Fl. fr. 2, p. 90. T. Spiculosa. Pers. Mougeot, 395. T. Arborea. Huds. Hoffm. t. 8, f. 1. Spiculoria glandu osa. Ch. vall. Dill. Musc. t. 10, f. 15. Desmaz. 1ʳᵉ éd. 705, 2, 1278. Hab. sur les écorces d'arbres, en hiver.

BULGARIA. Pers. Syst. Myc. 3, p. 166. Ad. Brongn. 83. Burcardia Schmied. 3, p. 161. Pezizæ. Pers. DC.

B. inquinans. Fries. Duby, 738, 1. Chevall. Fl. paris. 1, t. 9, f. 4. Peziza nigra. Bull. 460, . 1. DC. Fl. fr. 2, p. 89. Sow. Fung. t. 428. Mougeot, 197. Peziza inquinans. Pers. Ascoobus inquinans. Nees. f. 296. Hall. Helv. t. 48, . 8. Desmaz. 1re éd. 551, 2e éd. 569. Hab. sur les troncs de chênes morts, chemin de l'Eaupin. Automne.

B. sarcoïdes. Fries. Duby. Peziza sarcoïdes. Pers. Myc. eur. 1, p. 320. Peziza tremelloïdea. Bull. 410. DC. Fl. fr. 2, p. 89. Hevella sarcoïdes. Bolt. Fung. 1, 101, f. 2. Elvella purpurea. Schœff. Fung. t. 323, 324. Lichen sarcoïdes. Jacq. Misc. 2, t. 22. Hab. sur les troncs d'arbres morts et pourris, parc des Dervallières. Autom.

PEZIZA. Dill. p. 74. Pers. DC. Patellaria. Fries. Syst. Myc. 2, p. 41 et 158.

P. acetabulum. Linn. Sp. 1650. Duby, 739, 2. Bull. 485. DC. Fl. fr. 2, p. 84. Sow. Fung. t. 5.). Vaill. Bot. t. 13, f. 1. Hab. le petit chemin des Dervallières et prés de Saint-Sébastien et à la Barberie. Octobre.

P. coccinea. Schœff. Fung. t. 148. Duby, 740, 10. Bull. t. 474. DC. Fl. fr. 2, p. 86. Sow. t. 78. Peziza aurantiaca Fl. Dan. t. 657, f. 2. Nees. 279. Fries. Syst. Myc. 2, p. 49. P. Dichroa Holmsk. ot. 2, t. 7. Berg. Phyt. 2, t. 49. Hab. sur la terre au bord des fossés. Automne.

P. COCHLEATA. Linn. Sp. 1625. Duby. 740, 12. DC. Fl. fr. 2, p. 88. Bull. t. 54, f. 3. P. Umbrina. Pers. Elvella ochroleuca. Schœff. t. 274. Hab. sur la terre, bois de l'Ebaupin, et dans le chemin qui traverse de la route de Rennes à la route de Vannes, sur des glumes de froment. Eté et automne.

P. CEREA. Sow. Fung. t. 3. Duby, 741, 15. Pers. Myc. eur. 1, p. 232. Bull. herb. t. 44. Hab. sur la terre, jardin des Dervallières. Eté.

P. LYCOPERDOÏDES. DC. Fl. fr. 2, p. 87. Duby, 741, 16. P. Vesiculosa. Bull. 457, f. 1. EF. Fries. Syst. Myc. 2, p. 52. Pers. Myc. eur. 1, p. 228. Grev. cr. fl. t. 107. Elvella lycoperdoïdes. Scop. Myc. t. 86, f. 2. Hab. sur la terre, à Sainte-Luce. Automne.

P. GRANULOSA. Bull. t. 438, t. 3. DC. Fl. fr. 2, p. 79. Duby, 742, 28. Mougeot, 784 add. Pers. Myc. eur. 1, p. 298. P. Scabra Fl. dan. t. 655, 2. Ray. Syst. f. 3, t. 24, f. 2. Vaill. Bot. t. 13, f. 14. P. Granulosa. Desmaz. 250. Hab. sur les bouses de vaches. Automne.

P. HOEMISPHOERICA. Hoffm. t. 7, f. 6. Duby, 744, 45. Fl. dan. t. 1558, f. 2. Fries. Syst. Myc. 2, p. 82. Desmaz. 1re éd. 1311, 2e éd. 211. P. Labellum Bull. 204. DC. Fl. fr. 2, p. 87. P. Fasciculata. Schrad. Pers. Myc. eur. P. Hispida. Sow. Fung. t. 147. P. Replicata. Tode. Elvella albida et L. Foliacea. Schœff. t. 151 et 319. Mich. Gen. t. 86, f. 4. Hab. sur le revers du fossé, à l'Ebaupin. Juin, décembre.

P. STERCOREA. Pers. obs. 2, p. 89. Myc. eur.

1, p. 246. Duby, 745, 51. P. Ciliata. Bull. t. 438, f. 2. DC. Fl. fr. 2, p. 78. Pez. Scutellata. Bolt. t. 108, f. 1. non Linn. P. Equina. Fl. dan. t. 779, f. 3. Sow. t. 352. Octospora scutellata. Hedw. Musc. 2, t. 3, f. A. Ray. Syn. t. 24, f. 3. Hab. sur le crottin de cheval.

P. CILIARIS. Schrad. Journ. Bot. 2, p. 63. Duby, 745, 55. Desm z. 1ʳᵉ éd. 1056, 2ᵉ éd. 456. Fries. Syst. Myc. 2, p. 289. Hab. sur les feuilles mortes du chêne. Automne, hiver.

P. VIRGINEA. Pers. obs. Myc. 1, p. 28. Duby, 745, 56. Holmsk. t. 14. P. Nivea. Sow. Fung. t. 66. P. Parvula. Fl. dan. t. 1016, f. 4. P. Lactea. Bull. 376, f. 3. DC. Fl. fr. 2, p. 81. Myc. Gen. t. 86, f. 15. Hab. sur des fruits de bouleau, aux Dervallières. Automne.

P. BICOLOR. Bull. t. 410, f. 3. Duby, 746, 60. DC. Fl. fr. 2, p. 79. Desmaz. 1ʳᵉ éd. 1057, 2ᵉ éd. 457. Sow. Fung. t. 17. P. Minuta. Fl. dan. t. 779, f. 2. P. Pulchella. Pers. Myc. eur. 1, p. 260. P. Quercina. Linn. Hab. sur les rameaux morts du chêne. Printemps.

P. CERINA. Pers. Syn. 65. Myc. 1, p. 263. Duby, 746, 61. Nees. f. 283. Mougeot, 687. P. Biformis. Fl. dan. t. 1620. P. Marginata. Holmsk. 2, t. 20. Hab. sur les bois pourris, forêt du Gâvre. Printemps.

P. CLANDESTINA. Bull. p. 251. Duby, 746, 62. DC. Fl. fr. 2, p. 83. Pers. obs. 1, p. 41. Myc. eur. 1, p. 262. Desmaz. 1537. Hab. sur les branches tombées des ronces. Printemps.

P. PAPILLARIS. Bull. 244, t. 467, f. 1. Duby,

747, 77. DC. Fl. fr. 2, p. 80. Sow. t. 117. P. Granuliformis. Alb. et Schw. Hab. sur les bois pourris. Automne.

P. FRUCTIGENA. Bull. t. 228. DC. Fl. fr. 2, p. 82. Duby, 750, 97. Sow.t. 117. Nees. Syst. f. 282. P. Virgultorum. Fl. dan. t. 1016, f. 2. Octospora fungoïdes. Hedw. cr. p. 53, t. 19, f. A. Hab. sur les glands des chênes et les fruits du bouleau.

P. PERSONII. Pers. Myc. 1, p. 288, t. 12, f. 1, 4. Duby, 750, 101. Desmaz. 1re éd. 873, 2o éd. 73. Grev. Crypt. Fl. t. 162. Lycoperdon Equiseti. Hoffm. Crypt. 2, t. 5, f. 1. Hab. sur les feuilles des Equisetum, aux Cléons. Print., aut.

P. HERBARUM. Pers. Syn. p. 664. Duby, 752, 116. DC. Fl. fr. 5, p. 27. Mougeot, 785. Hab. sur les feuilles desséchées des grandes herbes.

P. CINEREA. Batsh. Fung. 2, f. 137. Duby, Sow.t. 64. DC. Fl. fr. 2, p. 77. Nees. Syst. f. 269. Fries. Syst. Myc. 2, p. 142. P. Callosa. Bull. t. 416, f. 1. Fl. dan. t. 1490, f. 2. Hab. sur des bois pourris. Automne.

P. CORIACEA. Bull. t. 438. Duby, 754, 144. DC. Fl. fr. 2, p. 75. Hab. sur le crottin de cheval et du cerf, forêt du Gâvre. Novembre.

P. EPIDENDRA. Bull. p. 246, t. 467, f. 3. DC. Fl. fr. 2, p. 85. Sow. t. 13. Peziza coccinea. Bolt. Fung. 3, t. 104, f. A, B, C. Pers. Syn. p. 652. P. Cupularis. Lin. Hab. sur le bois mort.

P. PORIOEFORMIS. DC. Syn. Gall. 17. Fl. fr. 5, p. 26. Duby. 748, 85. Fries. Syst. Myc. 2, p.

106. P. Anomala γ poricœformis. Pers. Syn. p. 656. P. Tephrosia. Myc. eur. 1, p. 271. Hab. sur les bois pourris du saule.

P. ANOMALA. Pers. obs. 1, p. 29. Duby, 748, 84. Desmaz. 1ʳᵉ éd. 1059, 2ᵉ éd. 459. Fries. Syst. Myc. 2, p. 106. P. Stipata. Pers. Myc. eur. 1, p. 270 non Fries. P. Rugosa. Sow. Fung. t. 369. Hab. sur les branches tombées et desséchées.

P. URTICÆ. Pers. Myc. eur. 1, p. 285. Duby, 750, 102. Peziza striata. Fries. Syst. Myc. 2, p. 112. Hab. sur les tiges sèches de l'ortie. Au printemps.

HELOTIUM. Pers. Syn. 677. DC. Ad. Brongn. Pezizæ tribus Fries.

H. FIMETARIUM. Pers. Syn. 678. Duby, 755, 5. DC. Fl. fr. 2, p. 75. Leotia fimetaria. Pers. obs. Myc. 2, t. 5, f. 4 et 5. Hab. sur les bouses sèches de vaches, dans un bois, sur une crotte de lapin. Pesneau.

HELVELLA. Ad. Brongn. class. Champ. p. 84.

H. ELASTICA. Bull. t. 242. DC. Fl. fr. 2, p. 94. Desmaz. 425. H. Mitra. Bolt. Fung. t. 95. H. Albida. Pers. H. Fuliginosa. Sow. Fung. t. 154. Duby, 756, 3. Schœff. t. 220. Hab. cour de la Barberie et aux Dervallières. Eté, automne.

H. CRISPA. Fries. Syst. Myc. Duby, 756, 4. Michel Gen. t. 86, f. 7. Var. α alba. H. Mitra var. alba. Bull. t. 466. DC. Fl. fr. 2, p. 94. H. Mitra. Sow. Fung. t. 39. H. Leucophora. Pers.

Grev. Crypt. Fl. t. 143. H. Albida. Schœff. Fung. t. 282. Hab. sur la terre humide, dans les bois. Automne.

H. LACUNOSA. Afzel. 173, p. 303. Var. α Duby, 756, 5. Fries. Syst. Myc. 2, p. 15. Chev. Fl. par. 1, t. 6, f. 5. Var. β Minor. Fries. H. Monacella. Schœff. t. 162. Hab. sur la terre et les troncs d'arbres couverts de mousses. Parc des Dervallières. Eté, automne.

H. BULLIARDI. DC. Fl. fr. 2, p. 95 non Clavaria Duby. phalloïdes. Bull. p. 214, t. 463, 3. Leotia Bulliardi Pers. Syn. p. 612. Helvella larricina Vill. Dauph. 3, p. 1045, t. 56. Hab. forêt de Bougon, sur des feuilles mortes. Pesneau.

MORCHELLA. Pers. Syn. 618. Dill. Gen. 74. DC. Fl. fr. 2, p. 212. Phalli. Linn. Vent.

M. ESCULENTA. Pers. DC. Fl. fr. 2, p. 213. Duby, 757, 1. Grev. Cryp. Fl. t. 68. Phallus esculentus Linn. Schœff. Fung. t. 199. Bull. t. 218. Bolt. t. 91. Lob. iconog. 2, p. 271. Hab. sur le revers des fossés, à Saint-Sébastien, à la Jaunais, chantiers Crucy, sur le bord de la Loire. Pesneau. Saint-Aignan, Saint-Brévin. Printemps.

M. DELICIOSA. Fries. Syst. Myc. 2, p. 8. Vaill. 21. Weinm. herb. t. 533. Duby, 757, 2. Hab. l'échantillon que je possède est venu dans la serre de M Roussin, sur le Boulevard. Eté.

M. TREMELLOÏDES. Pers. Syn. 621. Duby, 757, 4. DC. Fl. fr. 2, p. 213. Phallus tremelloïdes. Vent. p. 509, f. 1. Bull. t. 218, f. 1. Gyrocephalus carnutensis. Pers. Hab. sur la terre, aux Cléons. Au printemps.

VERPA. Swartz. Pers. Myc. eur. 1, p. 202. Fries. Syst. Myc. 2, p. 23.

V. DIGITALIFORMIS. Pers. Myc. eur., 1, p. 202, t. 7, f. 1, 3. Duby, 758. Hab. sur le bord d'un fossé, près Petit-Port, entre Saint-Sébastien et Basse-Goulaine. Delamarre. Printemps.

LEOTIA. Hill. hist. 43. Fries. Syst. Myc. p. 25. Ad. Brongn. 85. Helvellæ. DC. Leotiæ Pers.

L. GELATINOSA. Hill. hist. 43, nos 3, 4. Duby, 759, 3. L. Lubrica. Pers. Mougeot, 583. Desmaz. 1re éd. 426, 2e éd. 354. Fries. Syst. Myc. 2, p. 29. Grev. Crypt. f. t. 56. Helvella gelatinosa. Bull. t. 473, f. 2. Sow. t. 70. DC. Fl. fr. p. 95. Vaill. Bot. t. 11, f. 7, 9. Michel Gen. t. 82, f. 2. Hab. sur le revers du fossé, à l'Ebaupin.

GEOGLOSSUM. Pers. obs. Myc. 1, p. 11. Myc. eur. 1, p. 193. Fries. Syst. Myc. 1, p. 487. Clavariæ. DC.

G. HIRSUTUM. Pers. Syn. 608. Duby, 762, 1. Nees. Syst. f. 157. Grev. Crypt. Fl. t. 185. Mougeot, 94. Desmaz. 420. Clavaria ophioglossoïdes. Smid. icon. t. 25. Holmsk. p. 18. Sow. t. 83. Schœff. t. 327. Mich. t. 87, f. 8. Hab. parmi les sphagnes, à la Verrière. Eté, automne.

G. GLABRUM. Pers. obs. 2, p. 61. Duby, 762, 2. G. Lœvigatam. Desveaux. Clavaria ophioglossoïdes. Linn. Bull. t. 372. Mougeot, 95. Desmaz. 421. DC. Fl. fr. 2, p. 101. Bolt. t. 3, f. 2.

Fl. dan. t. 1076 , f. 2. Vaill. t. 7, f. 3. Mich. Gen. t. 87, f. 4. Hab. sur la terre, dans le bois de l'Ebaupin. Eté , automne.

G. GLUTINOSUM. Pers. Syn. 609. Duby , 762, 3. Mougeot, 780. Desmaz. 1re éd. 422, 2e éd. 342. Hab. dans les marais de l'Erdre. Automne.

G. VIRIDE. Pers. Syn. 610. Duby , 762 , 4. Mougeot, 994. Desmaz. 1re éd. 423, 2e éd. 343. Grev. Crypt. Fl. t. 211. Ad. Brongn. t. 5, f. 4. Clavaria viridis. Schrad. Fl. dan. t. 1258, f. 1. Hab. sur la terre, dans les bois, à Petit-Port.

CLAVARIA. Vaill. p. 39. Nees. Syst. p. 168. Fries. Syst. Myc. 1 , p. 465. Clavariæ. Pers. DC.

C. CORNEA. Batsch. 1, f. 161. Duby, 762, 1. Mougeot, 682. Fl. dan. t. 1305, f. 2. Sow. t. 40. C. Aculeiformis. Bull. t. 463, f. 4. DC. Fl. fr. 2, p. 98. C. Striata. Hoffm. 2, t. 7, f. 1. Linn. Hab. sur le bois pourri, à la Houssinière. Juillet.

C. FRAGILIS. Holmsk. 1, p. 7. Duby, 763, 8. Fries. Syst. Myc. 1, p. 484. Grev. Crypt. Fl. t. 37. C. Eburnea. Pers. Syn. 603. DC. Fl. fr. p. 97. Mich. t. 87, f. 6. Hab. sur la terre, bois de la Houssinière. Août, novembre.

C. ALBA. Pers. Desvaux, Cheval. p. 105, 2. Ramaria coralloïdes alba. Holmsk. Coryph. 1, p. 113, f. 12. Sowerb. t. 278. Hab. sur la terre, à la Maillardière. Eté.

C. HELVOLA. Pers. 69. Duby, 763, 10. Desmaz. 219. Sw. Bot. t. 514, f. 4. C. Simplicissima. Wild. C. Lutea. DC. Fl. fr. 2, p. 97. C. Teres t.

4, f. 2 a. C. Cylindria. Bull. t. 463, f. 1. B, N, O.
Hab. sur la terre, aux Dervallières. Automne.

C. PISTILLARIS. Linn. Sp. 1651. Duby, 764,
14. Schœff. t. 169, 270. Batsch. f. 46. Bull. t. 244.
Sow. t. 277. DC. Fl. fr. p. 96. Schmid iconog.
t. 4, f. sup. Bocc. Mus. t. 507. Mich. Gen. t. 81,
f. 1, 2. Hab. aux Dervallières, à la Barberie.

C. RUGOSA. Bull. t. 448, f. 2. Pers. DC. Fl. fr.
2, p. 98. Duby, 764, 20. Fl. Dan. t. 1301. C.
Coralloïdes. Sow. t. 278. C. Laciniata. Schœff.
t. 294. Vaill. Bot. t. 8, f. 2. Hab. dans les endroits humides, la Houssinière. Août, automne.

C. CRISTATA. Pers. Syn. 591. Myc. eur. 1,
p. 166. Duby, 765, 21. Desmaz. 217. Grev.
Crypt. Fl. t. 190. Clavaria fallax. Fl. dan. t.
1304, f. 2. C. Nivea. Pers. t. 2, f. 4. C. Albida.
Schœff. t. 170. Ramaria cristata. Holmsk. 1, p.
92. Iconog. Hab. les lieux humides, les Dervallières. Automne.

C. AMETHYSTEA. Bull. t. 496, f. 2. Duby, 765,
23. DC. Fl. fr. 2, p. 101. Nees. Syst. f. 151. Cl.
Purpurea Schœff. t. 172. Barr. iconog. t. 1262.
Hab. sur la terre dans les bois, forêt du Gâvre. Aut.

C. MUSCOÏDES. Linn. Suec. 1270 non Bull.
Duby, 765, 25. Fl. dan. t. 775, f. 2. Sow. t.
157. C. Corniculata. Schœff. t. 173. Pers. Fries.
Rai. Syn. t. 24, f. 5. Hab. dans les bois, à
l'Ebaupin, à la Houssinière. Août.

C. PRATENSIS. Pers. t. 4, f. 5. Myc. 1, p. 169.
Duby, 765, 26. C. Fastigiata. Bull. t. 358, f. D,
E. DC. Fl. fr. 2, p. 100. C. Muscoïdes. Fl. dan.
t. 836. Bolt. t. 114 non Bull. nec. Linn. Vaill.

Bot. t. 8, f. 4. Hab. parmi les mousses, dans les prés de Carcouet. Automne.

C. STRICTA. Pers. 45. Duby, 765, 30. Fl. dan. t. 1302. C. Pallida. Schœff. t. 286. Hab. dans les bois, sur le bois pourri, à la Houssinière.

C. CINEREA. Vill. Dauph. 3, p. 1050. Duby, 766, 31. Bull. t. 354. DC. Fl. fr. 2, p. 100. Fries. Syst. Myc. t. 468. Grev. Crypt. Fl. t. 64. Cl. Grisea. Pers. Fries. C. Fuliginea. Pers. Myc. europ. 1, p. 166. Desmaz. n° 216. Hab. dans les bois, sur la terre, au Portereau. Automne.

C. CORALLOÏDES. Linn. Suec. 1268. Duby, 766, 32. DC. Fl. fr. 2, p. 100, var. α Fries. Syst. Myc. 1, p. 467. Cl. Alba. Pers. Myc. C. Holmskoldiana. Fries. Sow. t. 278. Holmsk. 1, p. 113, t. 12, B. 222. Hab. sur la terre et les bois pourris, à la Houssinière, à la Haye.

C. FLAVA. Pers. Syn. 586. Fries. Syst. Myc. 1, p. 467. Duby, 766, 33. C. Coralloïdes lutea. Bull. t. 222 et 496, f. L, M, P. DC. Fl. fr. 2, p. 100. Schœff. 175, 285, 287. Tourne. 332. Barr. ic. 1260. Hab. sur la terre, dans les bois. Eté et automne.

C. BOTRYTIS. Pers. 42. Myc. 1, p. 161. Duby, 766, 35. Nees. Syst. f. 150. Fl. dan. t. 1303. C. Plebeia. Wulf. Jacq. coll. 2, t. 13. Schœff. t. 176. Barr. iconog. t. 1259. Hab. bois de la Houssinière. Eté et automne.

C. BIFURCA. Bull. p. 207, t. 264. C. Inœqualis, var. γ Pers. Syn. 601. Hab. sur la terre. Pesneau.

C. PILOSA. Pers. comment. p. 74. Bull. t. 463. Hab. sur les feuilles tombées, à la Houssinière.

C. FISTULOSA. Bull. 463. Cette Clavaire ne paraît être qu'une variété de la précédente, velue dans son jeune âge et glabre quand elle vieillit. Hab. un jardin, à Barbin, à M. Oudet. Octobre.

C. FILIFORMIS. Bull. t. 448, f. 1. Fries. Mycol. 1, p. 496. Hab. sur les feuilles mortes, à la Houssinière.

TELEPHORA. Wild. p. 396. DC. Fl. fr. 2, p. 103. Fries. Syst. Myc. 1, p. 428. Pers. p. 110. Auricularia. Bull.

T. CINEREA. DC. Fl. fr. 6, p. 32. Duby. 768, 4. Desm. 666, 119. Auricularia cinerea. Sow. t. 288. Incarnata. Desv. Hab. sur les branches d'arbres, aux Dervallières, au printemps et à l'automne.

T. ACERINA. Pers. Syn. 581. Duby, 768, 2. Mougeot, 991. Desmaz. 1ᵣₑ éd. 2162, 2ᵉ éd. 1812. Fries. Syst. Myc. 1, p. 453. Hab. sur l'écorce de l'érable, au Portereau.

T. TERRESTRIS. Ehrh. Crypt. n° 178. Duby, 768, 4. DC. Fl. fr. 6, p. 31. Mougeot, 297. Nees. Syst. f. 251. T. Mesenteriformis. Wild. t. 7, f. 15. Auricularia ca yophyllea. Bull. 483. Hab. sur la terre, dans les bois de l'Ebaupin.

T. HIRSUTA. Wild. préd. 397. Duby, 769, 7. Pers. Syn. 570. Myc. eur. 1, p. 116. Desmaz. 116. T. Reflexa. DC. Fl. fr. 2, p. 105. Auricularia reflexa. Bull. t. 274 et 483, f. 3, 4. Sow. t. 27. Grev. Crypt. Fl. t. 256. Helvella acaulis. Hudson.

Mich. Gen. t. 66, f. 2. T. Revoluta Desv. Hab. sur les branches mortes des arbres, à l'Ebaupin, aux Dervallières. Mars.

T. PAPYRINA. DC. Fl. fr. 2, p. 106. Duby, 769, 8. T. Ochroleuca. Fries. Pers. T. Sericea. Pers. Myc. eur. 1, p. 118. Auricularia papyrina. Bull. t. 402. Sow. t. 349. Hab. sur les bois pourris des pins. Automne.

T. TABACINA. Fries. Syst. Myc. 1, p. 487. Duby, 769, 9. Pers. Myc. eur. 1, p. 118. Desmaz. 415. T. Variegata. Schrad. Pers. T. Ferruginea. Pers. Syn. p. 569. T. Reflexa α variegata. DC. Fl. fr. 2, p. 105. Bull. t. 483, f. 5. Auricularia tabacina. Sow. t. 25. A. Nicotiana. Bolt. t. 174. Hab. sur le bois du coudrier, à Barbe-Bleue, à la Barberie. Eté et automne.

T. RUBIGINOSA. Schrad. 185. Duby, 769, 10. Fl. dan. t. 1619, f. 2. Mougeot, 394. Desmaz. 413. T. Spadicea. Cheval. Fl. par. 1, t. 7, f. 1. T. Ferruginea. DC. Fl. fr. 2, p. 104. Sow. t. 26. Auricularia ferruginea. Bull. t. 378. Hab. sur les vieux chênes, au pont du Cens. Automne.

T. PURPUREA. Pers. Syn. 571. Duby, 769, 11. Desmaz. 117, 414. T. Reflexa ζ amethystea. Fl. fr. 2, p. 105. Bull. t. 483, f. 1. Auricularia per-sistens. Sow. t. 388, f. 1. Mich. Gen. t. 66, f. 4. Hab. sur les troncs des arbres, à la Houssinière et à l'Ebaupin. Automne.

T. PICEOE. Pers. Myc. eur. 1, p. 122. Duby, 769, 12. Mougeot, 681. Hab. sur les branches du pin, à la Quarterie, au Plessis-Tison. Automne et hiver.

T. CORTICALIS. DC. Fl. fr. 2 , p. 106. Duby , 769 , 15. Mougeot, 669. T. Quercina. Pers. Fries. Grev. Crypt. f. t. 142. Auricularia corticalis. Bull. t. 436 , f. 1. Hab. sur l'écorce des arbres morts, aux Dervallières. Printemps et automne.

T. DISCIFORMIS. DC. Fl. fr. 6 , p. 31. Duby, 770, 20. Mougeot, 582. Desmaz. 416. T. Discoïdea. Pers. Myc. eur. 1 , p. 127. Linn. 6-12. Hab. sur les troncs des chênes vivants, près le pont de Forges.

T. ALUTACEA. Pers. Myc. eur. 1, p. 128. Duby, 770, 21. Cheval. Fl. paris. p. 86. Hab. sur les clôtures et les pieux.

T. LOEVIS. Pers. Syn. 575. Duby, 770, 23. Desmaz. 418 et Cat. 17. Hab. sur l'écorce des peupliers et des chênes, dans la forêt du Gâvre.

T. ROSEA. Pers. Syn. 575. Duby , 770 , 24. DC. Fl. fr. 6, p. 33. Hab sur les troncs de l'Ulex europœus, aux Cléons. Automne.

T. SALICINA. Pers. Myc. eur. 1, p. 132. Duby, 770, 25. Hab. sur les écorces pourries des vieux saules. Eté.

T. SEBACEA. Pers. Syn. 577. Myc. eur. 1, p. 135. Duby, 771 , 30. T. Incrustans. Pers. Syn. 577. Fries. Syst. Myc. 1, p. 418. Hab. sur les graminées, les rameaux du prunier. Eté.

T. FERRUGINEA. Pers. Syn. 578. Duby, 771, 35. Mougeot, 394. T. Pers. DC. Fl. fr. 2, p. 107. Hab. dans les fentes des bois morts, sous le petit pont de bois de la Houssinière.

T. PADI. Pers. Myc. eur. 1, p. 145. Duby, 771, 36. Grev. Crypt. Fl. t. 234. Hab. sur les branches desséchées du Prunus padus, à l'Ebaupin.

T. LAXA. Pers. Myc. eur. 1, p. 143. Duby, 771, 39. T. Evolvens. T. Exigua. Fries. Pezizodium evolvens. Desvaux. Hab. dans l'avenue de l'Ebaupin.

T. COERULEA. DC. Fl. fr. 2, p. 107. Duby, 771, 4. Mougeot, 1199. Desmaz. 307. Pers. Myc. eur. 1, p. 147. T. Fimbriata. Roth. Auricularia phosphorea. Sow. t. 383. Mycinema phosphoreum. Ag. Hab. sur le bois et l'écorce à moitié pourris, à la Houssinière et aux Dervallières. Hiv.

T. LEUCOCOMA. Pers. Duby, 772, 46. Leucoloma. Desv. Hab. sur les écorces du chêne, à la Houssinière.

T. SAMBUCI. Pers. Myc. eur. 1, p. 152. Duby, 772, 49. Mougeot, 779. Desmaz. 220. Grev. Crypt. Fl. t. 242. T. Cretacea. Fries. non Pers. Hab. sur l'écorce du sureau. Eté, automne.

T. PHYLACTERIS. DC. Fl. fran. 2, p. 106. Auicularia phylacteris. Bull. p. 236, t. 486, f. 2. Hab. sur la terre et les rochers, au Portereau. Eté.

T. CALCEA. Pers. Syn. 581. Auricularia calcea. DC. Fl. fr. 2, p. 32. Hab. sur les écorces d'arbres. Pesneau. Automne.

T. POLYGONIA. Pers. Syn. 574. Alb. et Schwein Nisk. nº 622. Auricularia polygonia. DC. Fl. fr. 2, p. 32. T. Hexagona. Desv. Corticium polygonium. Pers. Disp. 30. T. Colliculosa. Hoffm.

Germ. 2, t. 6. Hab. sur l'écorce des chênes, forêt du Gâvre. Automne.

T. **mesenterica** (1). Gmel. Syst. p. 1440. Auricularia tremelloïdes. DC. Fl. fr. 2, p. 104. Bull. p. 278, t. 290. Mich. t. 66, f. 4. Hab. sur le bois mort, sur des arbres abattus, dans un chantier, à Pont-Rousseau.

T. **hydnoïdea**. Pers. Syn. 576. Auricularia hydnoïdea. DC. Fl. fr. 26, 34. Corticium hydnoïdeum. Pers. obs. Myc. 1, p. 15. Hab. sur les branches mortes du hêtre.

T. **maculaeformis**. Desv. non alior. auct. N'est qu'une variété du Rosea. Il diffère de ce dernier par ses bords non frangés. Hab. sur les écorces, forêt du Gâvre.

CONIOPHORA. DC. Fl. fr. 6, p. 34. Pers. Desm. Ad Brong. in Dict. Cl. 4, 399.

C. **membranacea**. DC. Fl. fr. 6, p. 34. Pers. Myc. eur. Duby, 773, 1. Hab. sur du bois mort formant la tonnelle du parc de l'Ebaupin.

AURICULARIA. Pers. Myc. eur. 1, p. 97. Ad Brong. Class. Champ. 88. Auriculariæ Bull.

A. **mesenterica**. Pers. Duby, 773, 1. Mougeot, 492. Desmaz. 1re éd. 221, 2e éd. 818. A. Tremelloïdes Bull. 290. Thelephora mesenterica. Pers. Syn. 571. Bolt. Fung. t. 172. T.

---

(1) Le Thelephora mesenterica est porté ci-après sous le nom d'Auricularia mesenterica.

Tremelloïdes DC. Fl. fr. 2, p. 104. Phlebia tremelloïdes. Fries. 1., p. 83. Hab. sur un vieux tronc d'arbre mort, aux Cléons, et sur des bois abattus, dans un chantier, à Pont-Rousseau. Eté.

PHLEBIA. Fries. Syst. Myc. 1, p. 426. Ad Brongn. in Dict. Cl. 13, p. 384.

P. MERISMOÏDES. Fries. Duby, 773, 1. Grev. Crypt. Fl. t. 280. Merulius merismoïdes. Fries. Obs. 2, p. 235. Hab. sur un arbre abattu, chemin de l'Ebaupin. Octobre, janvier.

P. RADIATA. Fries. Duby, 773, 2. Mesenterica lutea. Desv. Phlebomorpha rufa. Pers. Hab. sur des bois abattus, forêt du Gâvre. Octob., déc.

HYDNUM. Linn. Gen. n° 2076. Linck. Diss. 1, p. 39, f. 60. DC. Fl. fr. 2, p. 108. Ad Brongn. in Dict. Class. 8, p. 408. Systotrema. Hericium et Hydnum. Pers. Myc. eur. t. 2.

H. THELEPHOROÏDEUM. Duby, 774, 1. Thelephora hydnoïdea. Pers. Obs. 1, p. 15. DC. Fl. fr. 6, p. 34. Hab. sur les écorces du hêtre et du charme, parc des Dervallières. Hiver et automne.

H. REPANDUM. Linn. Suec. 1258. Duby, 775, 8. Desmaz. 312. Fl. Dan. t. 310. Bull. 172. DC. Fl. fr. 2, p. 111. Grev. Fl. Cr. t. 44. H. Flavidum, rufescens, squamosum. Schœff. t. 318, 141, 278. H. Carnosum et Clandestinum Batsch. f. 136, 44. Vaill. Bot. t. 14, f. 6, 8. Mich. t. 72, f. 3. Hab. dans les bois, près la Maillardière, aux Dervallières. Eté, aut. B.B.

H. RUFESCENS. Pers. Obs. 2, p. 95. Syn. 555. Duby, 775, 9. Fries. Syst. Myc. 2, p. 401. H. Repandum Bolton. t. 88. Systotrema rufescens Desv. Hab. dans les bois, près Saint-Aignan.

H. FUSIPES. Pers. Myc. eur. 2, p. 162, t. 20, f. 4, 6. Duby, 776, 11. Hab. dans les bois de sapin, à la Quarterie.

H. CINEREUM. Bull. t. 419. DC. Fl. fr. 2, p. 110. Systotrema cinerea. Desv. Hab. sur la terre, aux Dervallières et à la Barberie.

H. CYATHIFORME. Bull. t. 156. Duby, 776, 17. DC. Fl. fr. 2, p. 290. H. Concrescens. Pers. Mougeot, 296. H. Zonatum Batsch. Nees. Systot. t. 242. Michel Gen. t. 72, f. 7. Hab. sur la terre, dans les bois de la Barberie et des Dervallières. Automne.

H. AURISCALPIUM. Linn. Succ. 1260. Duby, 776, 19. Mougeot, 777. Desmaz. 1re éd. 954, 2e éd. 254. Schœff. t. 143. Bull. 481, f. 3. DC. Fl. fr. 2, p. 110. Sow. t. 267. Grev. Crypt. Fl. t. 196. Mich. Gen. t. 72, f. 8. Buxb. cent. 1, t. 57, f. 1. Hab. sur les cônes de pin tombés, à la Quarterie. Novembre.

H. ERINACEUM. Bull. t. 34. Duby, 777, 21. DC. Fl. fr. 2, p. 108. Trast. Fung. Aust. f. 35. Hericium erinaceum. Pers. Bocc. t. 303, f. 6. Buxb. cent. 1, t. 56, f. 1. Hab. sur les vieux chênes, forêt du Gâvre. Octobre.

H. CORALLOÏDES. Scop. 471. Duby, 777, 22. Schœff. t. 142. Desmaz. 1re éd. 2160, 2e éd. 810. DC. Fl. fr. 2, p. 108. Sow. t. 252. H. Ramosum. Bull. t. 390. Hericium coralloïdes. Pers. Bocc. t. 303, f. 7. Mich. t. 64, f. 2. Hab. sur les troncs d'arbres , forêt du Gâvre. Automne.

H. MEMBRANACEUM. Bull. t. 481 , f. 1. Duby, 778 , 29. DC. Fl. fr. 2, p. 109. Fries. Syst. Myc. 1 , p. 115. Hab. sur les branches mortes tombées à terre , à la Houssinière. Eté.

H. LUTESCENS. Pers. Myc. eur. 2, p. 174. Duby, 778 , 26. Hab. sur le bois des clôtures, à Barbe-Bleue. Eté.

H. ABIETINUM. Duby, 778, 32. Sistotrema abietinum. Pers. Myc. eur. 2 , t. 22 , f. 3. Hab. sur l'écorce du pin, au Plessis-Tison.

H. NIVEUM. Pers. Syn. 563. Duby, 779, 42. DC. Fl. fr. 2, p. 109. Nees. Syst. f. 246. Odontia nivea. Pers. t. 4 , f. 6, 7. Hab. sur l'écorce du chêne.

H. DECIPIENS. DC. Fl. fr. 2, p. 112. Agaricus decipiens. Wild. Bot. Mag. 4, p. 12, f. 5. Sistotrema violaceum. Pers. Syn. 551. Hydnum parasiticum Linn. Syst. 799. Hab. sur les pins. Pesneau.

FISTULINA. Bul. p. 314. Pers. p. 29. Fries. p. 396. Boleti Huds. DC.

F. HEPATICA. Fries. Duby , 780 , 1. Grev. Crypt. Fl. t. 270. F. Buglossoïdes. Bull. t. 74, 464, 497. Boletus hepaticcus. Schœff. t. 116, 120. DC. Fl. fr. 2 , p. 113. Sow. t. 58. Bocc. Musc. 304 , f. 3 , Mich. Gen. t. 60. Hab. au pied des chênes. Eté, automne.

Ce champignon, appelé vulgairement *langue*

le *bœuf*, est, suivant quelques auteurs, bon à manger, mais son aspect n'est pas engageant.

BOLETUS. Pers. 230. Fries. Syst. Myc. 1, p. 385. Suillus Mich. Gen. 126. Boletti Linn. Pers. Syn. DC.

B. luteus. Linn. Suec. 1247. Duby, 781, 2. Schœff. t. 114. Sow. t. 265. Grev. Crypt. Fl. . 183. B. Annularis. Bull. t. 332. DC. Fl. fr. 2, p. 127. Bolt. t. 169. Nees. Syst. f. 204. Buxb. cent. V. t. 14. Hab. sur la terre, dans les forêts, et dans une avenue de charmille, aux Songères.
Ce Bolet passe pour très-vénéneux. Automne.

B. piperatus. Bull. t. 451, f. 2. Duby, 781, 3. Sow. t. 84. DC. Fl. fr. 2, p. 125. Nees. f. 207. B. Ferruginatus Batsch. f. 28. Hab. les Songères et l'avenue des Dervallières; il est très-vénéneux. Eté et automne.

B. lividus. Bull. t. 490, f. 1. Duby, 782, 10. Fries. Syst. 1, p. 389. B. Chrisenteron 6. DC. Fl. fr. 2, p. 126. Hab. sur la terre humide, au Plessis-Tison. Août et octobre. (Mauvais.)

B. brachyporus. Pers. Myc. eur. 2, p.128. Duby, 782, 11. Hab. dans les bois humides de a Jaunaie. (Mauvais.) Eté et automne.

B. subtomentosus. Linn. Suec. 1251. Duby, Nees. Syst. f. 206. Fries. Syst. Myc. 1, p. 300. B. Chrysenteron. Bull. t. 490, f. 3. DC. Fl. fr. 2, p. 126. B. Communis. Bull. t. 393. B. Cupreus et Crassipes. Schœff. t. 112, 133. Hab. dans les avenues du bois de Petit-Port. Eté et automne. (Mauvais.)

3*

B. LURIDUS. Schœff. t. 107. Duby, 782, 15. Pers. Fries. Grev. Crypt. Fl. 2, p. 123. B. Rubeolarius. Bull. t. 490, f. 1. B. Tuberosus. Schrad. Buxb. cent. 5. t. 13. Batt. 1, 29. Hab. dans les bois, forêt du Gâvre. Eté et automne. (Mauvais.)

B. EDULIS. Bull. t. 60 et 494. Duby, 733, 18. Sow. t. 111. DC. Fl. fr. 2, p. 124. B. Esculentus. Pers. Mich. Gen. t. 68, f. 1. Buxb. cent. 5, t. 12.
Une variété de ce Bolet nommée par M. Desvaux Bol. Asper. Hab. dans les bois, sur le bord des fossés. Eté et automne. (Très-bon.)

B. ÆREUS. Bull. t. 385. Duby, 783, 19. DC. Fl. fr. 2, p. 124. B. Æneus. Fries. Hab. Petit-Port, la Houssinière. Automne. B.
Une variété de ce Bolet, de couleur de soufre, et qui prend une teinte verdâtre quand on l'entame, n'est pas moins bonne que le type.

B. SCABER. Bull. p. 319, t. 132 et 489, 1. Pers. Obs. Myc. 2, p. 13. Syn. 505. B. Bovinus. Schœff. t. 104. Hab. dans les allées des bois de Petit-Port. Eté et automne. (On peut le manger sans crainte.)

B. AURANTIACUS. Bull. p. 320, t. 236 et 489, f. 2. B. Aurantius. Pers. Syn. p. 504. B. Rufus. Schœff. 108. Obs. Myc. 2, p. 13. Hab. les mêmes lieux et possède les mêmes qualités que le Scaber. Automne.
Quelques auteurs le prennent pour une variété du précédent.

B. CYANESCONS. Bull. p. 319, t. 369. Duby,

784, 24. DC. Fl. fr. 2, p. 125. B. Constrictus. Pers. Eté et automne. Hab. dans les forêts , au Gâvre, à la Houssinière, Petit-Port. (Mauvais.)

B. spadiceus. Desvaux. Non al. auct. Hab. à l'Ebaupin.

B. flavus. Desvaux. Hab. à la Houssinière.

B. punctatus. Desvaux. Hab. aux Dervallières.

B. albescens. Desvaux. Hab. à la Houssinière.

B. pulvinatus. Desvaux. Hab. aux Dervallières.

Ces cinq dernières espèces , recueillies avec M. Desvaux , nommées par lui et conservées dans mon herbier , ne sont décrites nulle part.

POLYPORUS. Mich. gen. 129. Fies. Obs. 1, p. 121. Syst. Myc. 1, p. 341. Pers. Champ. p. 237. Myc. eur. 2 , p. 35. Boleti Linn. Pers. DC.

P. perennis. Linn. Sp. 1646. Duby, 785, 5. Desmaz. 1re éd. 953, 2e éd. 253. B. Perennis. DC. Fl. fr. 2 , p. 122. Mougeot , 295. Fl. dan. t. 1075, f. 1. Sow. t. 192. Nees. Syst. f. 212. B. Coriaceus. Schœff. t. 125. Bull. t. 28 et t. 449 , f. 2. Boletus Leucoporus. Nees. Syst. f. 213. Buxb. cent. 5, t. 15, f. 1. Hab. sur la terre et les vieux troncs d'arbres, à Barbe-Bleue. Aut.

P. V. β fimbriatus. Rœtt. Duby , 785. Boletus Fimbriatus. Bull. t. 254. DC. Fl. fr. 2 ,

p. 122. Mich. Gen. t. 70, f. 8. Pesneau, Cat.
p. 142. Hab. sur la terre.

P. RUFESCENS. Fries. Syst. Myc. 1, p. 351.
Duby, 785, 6. Sistotrema Rufescéns. Pers. Iconog. Pict. t. 6. Myc. eur. 2, p. 206. Hab. sur
la terre, forêt du Gâvre. Automne.

P. FRONDOSUS. Pers. 242. Duby, 786, 11.
Fries. Syst. Myc. 1, p. 355. Boletus Frondosus Schrank. Fl. dan. t. 952. B. Ramosis-
simus Schœff. t. 127, 129. B. Cristatus Gouan.
non Pers. Barr. Icon. t. 1272. Hab. sur les
vieux bois de chêne.

Je l'ai recueilli sur une poutre du pont de
l'Arche-Sèche, après un automne pluvieux.

P. SULFUREUS. Fries. Duby, 786, 14. Grev.
Crypt. Fl. t. 113. P. Citrinus. Pers. B. Sul-
phureus. Bull. t. 429. DC. Fl. fr. 2, p. 120.
Sow. t. 135. Schœff. t. 131, 132. Buxb. cent. 5,
t. 1. Hab. sur les chênes, le hêtre, le prunier.
Doulon. Eté.

P. IMBRICATUS. Fries. Duby, 786, 15. Boletus
imbricatus. Bull. t. 266. DC. Fl. fr. 2, p. 116.
Hab. sur les vieux troncs de chêne et de frêne.
Automne. Pesneau.

P. LUCIDUS. Fries. Grev. Crypt. Fl. t. 245.
Duby, 786, 10. P. Vernicosus. Cheval. Fl. par.
252, 9. Bol. Lucidus. Leyss. Curt. Lond. t. 224.
Sow. t. 134. Pers. B. Laccatus. Pers. Myc. eur.
2, p. 154. B. Obliquatus. Bull. t. 459. DC. Fl. fr.
2, p. 121. B. Variegatus. Schœff. t. 263. B. Vernicosus. Berg. Phyt. 1, t. 99. Hab. sur les troncs
d'arbres. Eté.

P. **BETULINUS**. Fries. Duby, 787 , 16. Grev. Crypt. Fl. t. 229. Boletus betulinus. Bull. t. 312. DC. Fl. fr. 2, p. 123. Bolt. t. 159. Sow. t. 212. Hab. sur le tronc du bouleau. Eté.

P. **ADUSTUS**. Fries. Duby , 787, 23. Desmaz. 313. Boletus adustus. Wild. 392. B. Pelloporus. Bull. t. 501, f. 2. DC. Fl. fr. 2, p. 115. B. Suberosus. Batsch. 2, t. 41, f. 226, 227. Hab. sur les arbres morts, à la Houssinière et dans un chantier, à Pont-Rousseau. Automne.

P. **SUAVEOLENS**. Fries. Duby, 788, 28. Boletus suaveolens. Linn. Sow. t. 228. Non Bull. et DC. P. Suberosus. Bolt. t. 162. Buxb. cent. 5, t. 5. Hab. sur les vieux saules, à Ancenis. Eté et automne.

P. **ZONATUS**. Fries. Duby, 788, 33. Boletus multicolor. Schœff. t. 269. B. Zonatus. Nees. Syst. f. 221. Bol. Ochraceus. Pers. H b. sur les troncs du peuplier, tremble et quelquefois sur les vielles clôtures. Eté, automne.

P. **VERSICOLOR**. Fries. Duby, 788, 24. Boletus versicolor. Linn. Bull. t. 86. DC. Fl. fr. 2, p. 114. Bolt. t. 81. Sow. t. 299, 387, f. 7. Boletus atrorufus. Schœff. t. 268. Hab. sur les pieds d'arbres morts. Eté, automne.

P. **ABIETINUS**. Fries. Duby, 789, 35. Pers. Myc. eur. 2, p. 77. Grev. Crypt. Fl. t. 226. Boletus abietinus. Dicks. Crypt. 3, t. 9, f. 9. Pers. non DC. B. Incarnatus. Fl. dan. t. 1298. Sistotrema violaceum. Pers. Syn. et Myc. eur. 2, p. 203. Hydnum decipiens. Schrad. DC. Fl. fr. 2, p. 113.

Buxb. cent. 5, t. 8. Hab. sur les pins morts et tombés, aux Dervallières et à la Quarterie. Aut.

P. PINICOLA. Fries. Syst. Myc. 1, p. 372. Duby, 789, 39. Boletus pinicola. Swartz. B. Igniarius. Fl. dan. t. 953. Pers. Syn. 534 non Linn. B. Semi Ovoïdeus. Schœff. t. 270.

P. FRAXINEUS. Fries. Duby, 789, 40. Boletus fraxineus. Bull. t. 433, f. 2. DC. Fl. fr. 2, p. 118.

P. DRYADEUS. Fries. Syst. Myc. 1, p. 374. Duby, 790, 43. Boletus dryadeus. Pers. 2, p. 3. B. Pseudo igniarius. Bull. 458. DC. Fl. fr. 2, p. 116. Hab. sur les troncs du chêne. Pesneau.

P. FOMENTARIUS. Fries. Duby, 790, 44. B. Fomentarius. Linn. Sow. t. 133. B. Ungulatus. Bull. t. 491. DC. Fl. fr. 2, p. 116. Tournef. t. 330. Hab. sur les troncs du chêne et du hêtre. Aut.

P. IGNIARIUS. Fries. Duby, 790, 46. Boletus igniarius. Bull. t. 454. Sow. t. 132. Bolt. t. 80. B. Obtusus. Pers. DC. Fl. fr. 2, p. 117. Hab. sur les troncs de hêtre et de saule, à la Houssinière et au Portereau. Eté, Automne.

P. RIBIS. Fries. Syst. Mycol. 1, p. 375. Duby, 790, 48. Desmaz. n° 314. Boletus ribis. DC. Fl. fr. 6, p. 41. Polyporus ribisius. Desv. Hab. sur les vieux pieds des groseilliers. Automne.

P. SALICINUS. Fries. Syst. Myc. 1, p. 376. Duby, 791, 55. Desmaz. 315. Boletus salicinus. Pers. Hab. sur les vieilles souches du saule.

P. OBLIQUUS. Fries. Syst. Myc. 1, p. 378. Duby, 791, 53. Boletus obliquus. Pers. Syn. P. Incrustans. Pers. Hab. sur l'écorce du chêne, à la Houssinière. Automne.

P. MEDULLA PANIS. Fries. Syst. Myc. 1, p. 380. Duby, 792, 67. Boletus medulla panis. Jacquin Misc. 1, t. 11. Bolt. t. 166, f. 1. DC. Fl. fr. 6, p. 39. Hab. sur un vieux tronc d'arbre, à la porte des Dervallières. Automne.

P. VERSIPORUS. Pers. Myc. eur. p. 10. Duby, 792, 71. Hab. sur l'écorce du chêne, dans le parc de l'Ebaupin. Eté, automne.

P. CERASI. Fries. p. 382. Duby, 793, 73. Sistotrema cerasi. Pers. Syn. 552. S. Lemoplaca. Pers. Myc. Hydnum cerasi. DC. Fl. fr. 6, p. 36. Hab. sur l'écorce du cerisier, jardin de la Houssinière.

P. RADULA. Fries. Duby, 793. 75. Boletus radula. Pers. Sistotrema radula. Desv. Hab. sur des branches mortes, au Plessis-Tison. Automne.

P. SQUAMOSUS. Fries. Syst. Myc. 1, p. 343. Duby, 794, 83. Grev. Crypt. Fl. 1, 207. Boletus squamosus. Huds. Schœff. t. 101, 102. Bolt. t. 77. Fl. dan. t. 1196. Boletus juglandis. Bull. t. 19. DC. Fl. fr. 2, p. 121. B. Platiporus. Pers. Syn. Hab. surtout sur les noyers, à Ancenis. Automne.

P. FERREUS. Desvaux non al. auct. Hab. à l'Ebaupin, sur l'écorce du chêne. Novembre.

P. VAPORARIUS. Desvaux. Hab. à la Houssinière. Novembre.

P. CARMICHAELII. Desvaux. Hab. sur l'écorce du bouleau, aux Dervallières. Mars.

DOEDALEA. Pers. Syn. 499. Nees. Syst. f. 224. Fries. Syst. Myc. 1, p. 381.

D. SUAVEOLENS. Pers. Syn. 502. Duby, 794, 4. Boletus suaveolens. Bull. t. 310. DC. Fl. fr. 2, p. 118. Hab. sur les vieux troncs de saule.

D. UNICOLOR. Fries. Syst. Duby, 795, 7. Boletus unicolor. Bull. t. 408, 501, f. 3. Bol, t. 163. Sow. t. 325. DC. Fl. fr. 2, p. 115. Sistotrema cinereum. Pers. Syn. 551. Myc. eur. 2, p. 204. Hab. sur les arbres morts. Automne.

D. CONFRAGOSA. Pers. Syn. 501. Duby, 795, 8. Boletus confragosus. Bolt. t. 160. B. Labyrinthiformis. Bull. t. 491, 352. DC. Fl. fr. p. 117. Hab. sur le Pirus torminalis. Pesneau.

D. SUBEROSA. Duby, 795, 9. Dedalea Bulliárdi. Fries. Bol. Suberosus. Bull. t. 482. DC. Fl. fr. 2, p. 116. Hab. sur les vieux troncs d'arbres, les vielles clôtures. Pesneau.

D. BETULINA. Duby, 794, 13. Desmaz. n° 222. Lutescens. Desv. Agaricus betulinus. Linn. Sow. t. 182. A. Coriaceus. Bull. t. 537, f. A. F. DC. Fl. fr. 2, p. 127. Bolt. t. 158. Hab. sur les troncs desséchés du bouleau, à la Verrière. Automne.

D. QUERCINA. Pers. Syn. 500. Duby, 795, 14. Grev. Crypt. Fl. t. 238. Agaricus quercinus. Bolt. t. 73. Sow. t. 181. DC. Fl. fr. 2, p. 133. Ag. labyrinth formis. Bull. t. 352, 442, f. 1. Ag. dubius. Schœff. t. 331. Bocc. Mus. t. 305, f. 5. Buxb. cent. 5, t. 4, f. 1. Hab. sur les vieilles écorces du chêne, à l'Ebaupin. Automne.

D. MOLLIS. Desvaux non alio. auct. Hab. sur l'écorce d'un chêne, à la Houssinière. Automne.

MERULIUS. Fries. Ad. Brongn. Xylophora. Link. Xylomyzon. Pers.

M. SERPENS. Tode. Duby, 797, 9. Fries. Syst. Myc. 1, p. 327. Xylomyzon serpens. Desvaux. Hab. sur l'écorce du pin, à la Houssssinière. Décembre.

CANTARELLUS. Adans. Juss. Gen. 6. Fries. Syst. Myc. 1, p. 316. Ad. Brongn. p. 90. Merulius et Craterellus. Pers. Myc. eur. 2, p. 11 et 4. Merulii. Hall. Pers. Syn. DC.

C. RETIRUGUS. Fries. Duby, 798, 6. Merulius retirugus. Pers. Syn. 494. DC. Fl. fr. 2, p. 131. Helvella retiruga. Bull. t. 498, f. 1. Hab. sur un arbre de l'avenue des Dervallières. Automne.

C. MUSCIGENUS. Fries. Duby, 798, 9. Meruliu. muscigenus. Pers. Syn. 493. DC. Fl. fr. 2, p. 131. Nees. Syst. f. 236. Merulius serotinus. Pers. Myc. Agaricus muscigenus. Bull. t. 288. Helvella dimidiata. Bull. t. 498, f. 2. Hab. sur un arbre couvert de mousses, avenue des Dervallières. Novembre.

C. CRISPUS. Fries. Duby, 798, 10. Merulius crispus. Pers. Iconog. Pict. t. 8, f. 7. DC. Fl. fr. 6, p. 43. Buxb. cent. 5, t. 7, f. 2. Hab. parc des Dervallières, la Barberie. Automne et hiver.

C. CORNUCOPIOÏDES. Fries. Duby, 799, 15. Merulius cornucopioïdes. Pers. Myc. eur. 2, p. 5. Helvella cornucopioïdes. Schœff. t. 165, 166.

Bull. t. 150, 498, f. 3. Peziza cornuc. Linn.
Bolt. t. 103. Sow. t. 74. Vaill. t. 13, f. 2.
Mich. 82. Hab. dans le parc des Dervallières,
la Barberie. Août et novembre.

C. HYDROLIPS. Duby, 799, 16. C. Cinereus.
Fries. Merulius hydrolips. DC. Fl. fr. 2, p. 130.
Mer. cinereus. Pers. Iconog. Pict. t. 3, f. 3.
Helvella hydrolips. Bull. t. 465, f. 2. Hab. aux
Dervallières. Automne.

C. LUTESCENS. Fries. Duby, 799, 17. Merulius
lutescens. Pers. Syn. Fl. fr. 2, p. 129. Fl. dan.
t. 1617. Helvella cantharelloïdes. Bull. t. 473,
f. 3. Helvella tubœformix. Schœff. t. 157. Desmaz. 365. Hab. dans les bois de la Barberie. Aut.

C. TUBOEFORMIS. Fries. Syst. Myc. 1, p. 319.
Duby, 800, 21. Merulius tubœformis. Pers. DC.
Fl. fr. 2, p. 129. M. Villosus. Pe s. Iconog. Pict.
t. 6, f. 1. Helvella tubœformis. Bull. 461. Vaill.
t. 11, f. 9, 10. Hab. dans les bois de la Barberie
et des Dervallières. Automne.

C. CIBARIUS. Fries. Duby, 800, 23. Grev. Fl.
Crypt. t. 258. Merulius cantharellus. Pers. DC.
Fl. fr. 2, p. 123. Agaricus cantharellus Linn.
Schœff. t. 82. Bull. t. 62, 505, f. 1. Bolt. t. 62.
Sow. t. 40. Lob. Iconog. p. 273. Vaill. Bot. t.
11, f. 14, 15. Hab. dans les bois. De juillet en no-
vembre. (Elle est très-bonne à manger.)

C. NIGRIPES. Duby, 800, 24. Merulius nigripes.
Pers. DC. Fl. fr. 2, p. 129. Agaricus cantharelloïdes. Bull. t. 505, f. 2. Hab. sur la terre, dans

es bois. On trouve cette Chanterelle assez communément au pied des arbres, dans les tapis épais formés par le Bryum glaucum, à la Houssinière. (Elle est mauvaise.)

C. AURANTIACUM. Fries. Syst. Myc. 1, p. 318. Duby, 800, 25. Merulius aurantiacus, Pers. Nees. p. 233. Agaricus aurantiacus. Wulf. in Jacq. Misc. 2, t. 14, f. 3. Hab. dans les bois, à la Houssinière. De juillet à novembre. (Mauvaise.)

Les Agarics.

Les Agarics étant une des parties les plus intéressantes de la Cryptogamie, puisqu'un certain nombre est employé comme aliment, et qu'un nombre plus considérable encore présente des poisons tellement actifs que, souvent, la science médicale ne peut rien pour sauver l'imprudent qui, se fiant quelquefois à un aspect flatteur, a osé en faire usage, nous avons donc pensé qu'en adoptant, pour notre Catalogue, la classification si simple et si ingénieuse que nous a laissée le trop regrettable M. Desvaux, nous serions utile à la science, et que, par la connaissance de ces plantes, facilitée par cette classification, nous pourrions peut-être empêcher quelques-uns des nombreux accidents que chaque année vient enregistrer dans nos fastes nécrologiques. Pour parvenir à ce but, nous indiquerons les bons par un B, les très-bons par deux BB, les mauvais par un M, les très-mauvais par deux MM, les douteux par un D.

Classification des Agarics. Desvaux.

Dimidiés. Pied excentrique, quelquefois sessile.

Amanites. Un volva qui enveloppe le champignon tout entier, dans sa jeunesse, et laisse quelquefois des lambeaux sur le chapeau, le pédicule presque toujours bulbeux à la base.

Lactescents. Point de volva. Pédicule central, feuillets inégaux, suc laiteux ordinairement blanc, quelquefois jaune ou rouge.

Russules. Point de volva. Feuillets égaux entre eux et non terminés sur un bourelet annulaire.

Mycènes. Point de volva ni de collier. Pédicule central fistuleux, feuillets qui ne noircissent point en vieillissant, chapeau non ombiliqué.

Omphalodes. Point de volva ni de collier. Pédicule central fistuleux ou plein, chapeau ombiliqué, feuillets qui ne noircissent pas en vieillissant et qui sont presque toujours décurrents.

Spores blancs.

Spores rouges ou bruns rougeâtres.

Spores jaunes.

Spores noirs.

Dimidiés. Chapeau excentrique sessile.

AGARICUS. Linn. Gen. 1074. DC. Pers. Ad. Brongn.

A. NIDULANS. Pers. Sp. 443. Hab. sur les vieux troncs de chêne. Automne.

A. BYSSISEDUS. Pers. Ic. et Desc. Fung. p. 56, t. 14, fig. 4. Fries. System. Mycol. 1, p. 276. Duby, 809, 68. Hab. sur les vieilles souches et es troncs pourris, à la Houssinière. Automne. M.

A. EPIGOEUS. Pers. Depluens, Batsch. Sp. 4, p. 457. Hab. sur les vieilles souches.

A. VARIABILIS. Pers. obs. Mycol. 2, p. 46, t. 5, f. 12. DC. Fl. fr. 360. Sowerb. t. 97. A. Sessilis. Bull. t. 152 et 581, f. 3. Fl. dan. t. 556. Hab. sur des branches mortes tombées à erre, à la Houssinière. Automne.

A. APPLICATUS. Fries. Syst. Mycol. 1, p. 192. Batsch. f. 125. Sowerb. t. 301. Nces. Syst. f. 183. Cheval. nº 208. V. α Epixylon. Bull. t. 581. Hab. sur l'écorce du bois. Eté et automne.

A. CANESCENS. Batsch. Letell. 688. Mollis. pr. 457. Hab. sur les vieux troncs d'arbres, à Clermont et à la Barberie.

Chapeau excentrique pédicellé, lames adnées
ou libres.

A. STYPTICUS. Bull. t. 140, 557. Cheval. p. 94. Fl. dan. t. 1292, f. 1. Pers. Synop. p. 481. C. Fl. fr. nº 361. Fries. Syst. Mycol. 1, p. 188.

Hab. sur les vieilles souches. Commun, à la Houssinière, aux Dervallières. Automne.

A. SEROTINUS. Pers. Syn. 479. Duby, 823, 175. Cheval. 194, n° 206. Ag. stypticus. Var. Fl. dan. t. 1293, f. 2. Buxb. cent. 5, t. 2, f. 2. Fries. Syst. Mycol. 1, p. 187. Hab. sur les troncs du hêtre, du bouleau et de l'aulne.

S'il vient dans un lieu couvert, son pédicule s'allonge et son chapeau est presque oblitéré.

A. PALMATUS. Bull. t. 216. Duby, 823, 176. Cheval. 193, n° 204. Sow. t. 62. Pers. Synop. 474. Fries. Syst. Mycol. 1, p. 187. Hab. sur les vieilles souches d'arbres, au bord de l'Erdre.

A. ULMARIUS. Bull. 510. Sow. t. 67. Duby, 823, 178. DC. Fl. fr. n° 368. Cheval. 193, 202. Pers. Synop. p. 473. Fries. Syst. Myc. 1, p. 186. Hab. sur les souches du saule blanc, à Barbin. Delalande. Octobre et décembre.

A. LIGNATILIS. Pers. Spr. Cheval. 156, n° 96. Fries. Syst. Mycol. 1, p. 94. Hab. forêt du Gâvre. Décembre.

Chapeau excentrique, lames décurrentes.

A. INCONSTANS. Pers. Syn. 475. Duby, 824, n° 186. Letel. 695 ? A. Dimidiatus. Bull. t. 517. A. Flabelliformis. Schœff. t. 43, 44. Hab. sur les troncs d'arbres.

A. CONCHATUS. Bull. t. 298. Spr. 442. Duby, 824, 185. A. Salignus. Cheval. 824, n° 182. Pers. Syn. 478. Ag. Ursinus. Var. Fries. Hab. sur les vieux troncs de saule, chemin de Versailles, au Tertre, etc. Septembre.

A. **ostreatus**. Jacq. Aust. t. 288. Duby, 824, n° 183. Cheval. 192, n° 199. Sowerb. t. 241. A. Nigricans. Fl. dan. t. 892. A. Dimidiatus. Bull. t. 505. A. Spodoleucus. Fries. Hab. sur les racines des arbres. Au printemps.

A. **lamellirugus**. DC. Fl. fr. n° 362 α Duby, 824, n° 179. A. Croceolamellatus. Letel. t. 665. Hab. sur les feuilles tombées et pourries du pin, à Clermont. Automne.

A. **glandulosus**. Bull. t. 426. Duby, 82 4, n° 184. Chevall. 191, n° 198. DC. Fl. fr. n° 363. Pers. Synop. p. 476. Fries. Syst. Myc. 182. Hab. sur les vieux troncs de saule, sur les bords de l'Erdre. Octobre et décembre.

A. **salignus**. Pers. Letel. t. 687. Fries. Syst. Myc. 1, p. 183. Duby, 824, n° 182. Hab. sur les souches du hêtre, du saule et de l'aulne, Ancenis. Octobre, janvier.

A. **petaloïdes**. Bull. t. 226, 557, f. 2. Duby, 824, n° 184. Chev. 192, n° 201. Fries. Syst. Myc. 1, p. 183. Bats. t. 9, f. E. Hab. sur les troncs du hêtre et du pin, à la Houssinière. Novembre.

A. **proliferus**. Desv. Bull. t. 517. P. Hab. dans une cave de la rue Kervégan et sur une poutre d'un magasin de la rue d'Orléans.

A. **gyrinus**. Pers. Mycol. 3, p. 37. A. Dimidiatus. Bull. t. 517. Hab. sur des bois pourris, sur des bois de clôture, à Barbe-Bleue. Mars.

Chapeau excentrique, voile simple universel.

A. **dryinus**. Pers. Syn. 478. Duby, 825, n°

189. Chev. 190, n° 194. Nees. Syst. f. 177. A. Dimidiatus. Bull. t. 517. Hab. sur les troncs du chêne et du pommier, avenue de Petit-Port. Août et novembre.

Chapeau central.

§ Spores blancs, lames non mutables.

I. PIED A VOILE. AMANITES.

* *Une volve et un anneau.*

A. VERNUS. Bull. t. 108. Duby, 850, n° 401. Chev. 124, n° 4. Fries. Syst. Myc. 1, p. 13. Amanita verna. Pers. Syn. p. 250. Hab. à la Houssinière, aux Dervallières, bois humides, sur la terre, etc. MM.

A. CITRINUS. Schœff. t. 20. Bull. t. 577. E, F, D. Mich. t. 78, f. 1. Hab. mêmes localités que le précédent. MM.

A. PHALLOÏDES. Fries. Syst. Myc. 1, p. 13. Chev. 124, n° 6. Duby, 850, n° 400. Bull. t. 2, 577. A. Bulbosus et Verrucosus. DC. Fl. fr. 564. A. Vernalis. Bolt. t. 48. Vaill. Bot. t. 14, f. 5. Hab. dans les forêts ombragées, la Houssinière, le Gâvre, les Dervallières. Juillet et octobre. MM.

V. α Albus. Pers. t. 2, f. 1 A. Bulbosus. Schœff. t. 241. C'est. le Vernus des auteurs. La var. β Citrinus. Pers. est le Citrinus de Schœff. t. 20. γ Viridis. Pers. t. 2, f. 3. Agar. Virescens. Fl. dan. t. 1240.

On confond malheureusement très-souvent cette variété MM. avec le Bifidus de Bull. t. 26, que l'on peut manger et que, dans quelques contrées, on nomme *Bisette*.

A. VAGINATUS. Bull. t. 98, 512. Duby, 850, n° 399. Chev. 123, n° 1. DC. Fl. fr. n° 568. Fries. Syst. Myc. 1, p. 14. Mich. t. 76, f. 1. Buxb. cent. 4, t. 19. A. Fungites. Batsch. f. 79. A. Plumbeus. Schœff. t. 85, 86. A. Hyalinus, Schœff. t. 244. A. Badius. Schœff. t. 245. A. Fulvus. De Schœff. t. 95. Hab. commun dans les bois. B. Novembre.

C'est en cueillant le Bulbosus, pour cette espèce, que la famille O. a été empoisonnée et que son honorable chef a succombé.

A. COESAREUS. Schœff. t. 258. Duby, 850, n° 397. Fries. Syst. Myc. 1, p. 15. Ag. Aurantiacus. Bull. t. 120. Chev. 104, n° 3. DC. Fl. fr. n° 562. Amanita aurantiaca. Pers. Champ. Comest. t. 1. Michel. Gen. t. 77, f. 1. Hab. dans les bois du Fort et de la Dennerie. Juillet et octobre. BB. (L'Oronge.) R.

Ses feuillets presque toujours jaunes et son volva complet le distinguent facilement du Muscarius ou fausse Oronge.

** *Volve incomplète et anneau.*

A. MUSCARIUS. Linn. Succ. 1235. Duby, 849, n° 396. Chev. 125, n° 7. Schœff. t. 27, 28. DC. Fl. fr. n° 561. Amanita muscaria. Pers. Synop. p. 253. Ag. Pseudo. aurantiacus. Bull. t. 122. Michel. t. 8, f. 2. Grev. Crypt. Fl. t. 54. A. Hab.

sur la terre en automne, plus particulièrement sous les châtaigniers. MM.

A. PANTHERINUS. DC. Fl. fr. Suppl. n° 559. Duby, 849, n° 395. Chev. 126, n° 8. Letel. 639. Fries. Syst. Myc. p. 16. A. Maculatus. Schœff. t. 90. Amanita umbrina. Pers. Synop. p. 254. Hab. dans tous les bois. Septembre et octobre. MM.

A. SOLITARIUS. Bull. t. 48, 593. Duby, 849, n° 394. Chev. 126, n° 9. DC. Fl. fr. n° 560. Fries. Syst. Myc. 1, p. 17. A. Albellus. Scop. Hab. dans les bois ombragés. Août et septembre. MM.

A. EXCELSUS. Fries. Syst. Myc. 1, p. 17. Duby, 849, n° 393. Letel. t. 640. Amanita ampla. Pers. Syn. 255. Hab. forêt du Gâvre et à la Maillardière. Septembre et octobre. M.

A. ASPER. DC. Fl. fr. n° 559. Duby, 849, n° 392. Chev. 127, n° 10. A. Miodes Bolton, t. 139. A. Verrucosus. Bull. t. 316. Amanita aspera. Pers. Buxb. cent. 5, t. 48, f. 1. Hab. à la Houssinière, aux Dervallières, etc. Juillet et octobre. MM.

Anneau et point de volve.

*** A. PIED TUBULEUX.

A. PROCERUS. Scop. p. 418. Duby, 849, n° 390. Schœff. t. 22, 23. Sow. t. 190. DC. Fl. fr. n° 558. Pers. Syn. 257. A. Colubrinus. Bull. t. 78, 583. Chev. 127, n° 11. A. Variegatus. Lam. Fl. fr. 1, p. 114. Hab. dans les bois, les jardins, très abondant à la Quarterie, route de Rennes. BB. Novembre.

Il est vulgairement nommé potiron.

A. **excoriatus**. Schœff. t. 18, 19. Duby, 849, n° 391. Chev. 128, n° 12. Fries. Syst. Myc. 1, p. 21. Letel. 610. V. γ Procerus. Fries. Hab. les mêmes lieux que le précédent.

Il a beaucoup de rapport avec lui; seulement il est plus petit. BB.

A. **clypeolarius**. Bull. t. 405, 506, f. 2. Duby, 848, n° 390. Chev. 128, n° 13. DC. Fl. fr. n° 557. Fries. Syst. Myc. p. 21. Ag. Colubrinus Pers. Synop. p. 258. Hab. dans les bois. Août, octobre.

Peu de chair; odeur et saveur nulles.

A. **cristatus**. Bull. Fung. t. 7. Duby, 848, n° 389. Fries. Syst. Myc. 1, p. 22. Grev. Crypt. Fl. t. 176. A. Subantiquatus. Batsch. 2, t. 37, f. 206. A, D. A. Colubrinus. V. γ Pers. Mich. Gen. t. 78, f. 7, 8. Hab. parmi les Graminées et les mousses, à Petit-Port. M.

A. **ermineus**. Fries. Hab. Il est assez commun dans les champs cultivés de Petit-Port. D.

On l'appelle vulgairement potiron blanc.

A. **mesomorphus**. Bull. t. 506, f. 1. Duby, 848, n° 387. Chev. 128, n° 14. Pers. Syn. 262. DC. Fl. fr. n° 553. Fries. Syst. Myc. p. 23. Nees. Syst. f. 169. Hab. le bois de sapin de la Quarterie. Automne.

A. **granulosus**. Batsch. t. 6, f. 24. Chev. 129, n° 15. Duby, 848, n° 386. Pers. Syn. 464. Grev. Crypt. Fl. t. 104. A. Ochraceus. Bull. t. 362, 530. DC. Fl. fr. n° 551. A. Croceus. Bolt. t. 51, f. 2. Sow. t. 19. A. Muricatus. Fl. dan. t. 1015. Hab.

sur les feuilles tombées du pin et sur les mousses, à la Houssinière. Novembre.

A. SQUARROSUS. Bull. t. 535, f. 3, et non le t. 266, comme l'indiquent Chev. et Duby. Hab. la Quarterie. Novembre.

Le Squamosus de Bulliard, t. 266, est un beau et grand champignon couvert sur un fond jaune foncé d'écailles brunes et réfléchies, tant sur le pied que sur le chapeau.

Le Squarrosus Bull. t. 535 est petit, rose, ayant deux rangs d'écailles sur le chapeau et quelques-uns sur le pied.

A. CARCHARIAS. Pers. Iconog. Pict. p. 5, f. 1, 3. Hab. la Houssinière, les bois de la Dennerie. Août et septembre.

A. PILULIFORMIS. Bull. t. 112. Duby, 848, n° 388. DC. Fl. fr. n° 543. Hab. au pied des arbres, parmi les mousses. Automne.

B. PIED PLEIN.

A. RAMENTACEUS. Bull. t. 595, f. 2. Duby, 848, n° 385. Chev. 129, n° 16. DC. Fl. fr. n° 552. Pers. Synop. p. 263. Fries. Syst. Mycol. 1, p. 25. Hab. sur la terre, à la Dennerie. Automne.

A. MELLEUS. Vahl. Fl. dan. t. 1012. Bolton, 141. Fries. Syst. Myc. 1, p. 30. Chev. 130, n° 16. A. Annularius Bull. t. 377, 540, f. 3. Duby, 847, n° 381. DC. Fl. fr. n° 548. A. Polymyces. Pers. Mich. Gen. t. 81, f. 2. A. Congregatus. Bolt. t. 140. A. Stipitis. Sowerb. t. 101. Hab. sur la terre, aux Dervallières, au Bois-Branlard. MM.

A. **DENIGRATUS**. Pers. Syn. 267. Duby, 847, n° 382. Chev. 130, n° 18. Fries. Syst. Mycol. 1, p. 30. Hab. sur les troncs des arbres morts MM.

A. **MUCIDUS**. Schrad. 116. Duby, 848, n° 384. Chev. 130, n° 17. Pers. Synop. p. 266. Fries. Syst. Myc. p. 18. A. Nitidus. Fl. dan. t. 773 et 1130. Hab. la Houssinière, sur le bois mort du hêtre. Juillet, décembre. MM.

**** *Voile général, viscide, fugitif.*

A. **CRYSODON**. Batsch. 2, f. 212. Duby, 847, n° 380. Chev. 131, n° 20. Pers. Syn. 365. Fries. Syst. Mycol. 1, p. 32. Hab. au milieu des feuilles pourries. Automne. MM.

A. **ERUBESCENS**. Fries. Syst. Mycol. 1, p. 32. Chev. 131, n° 21. A. Carnosus. Sowerb. t. 246. Curt. 5, t. 71. Duby, 847, n° 379. A. Rubescens. Pers. p. 366. Hab. dans les bois. Automne. M.

A. **EBURNEUS**. Bull. t. 118, 551, f. 2. Duby, 847, n° 378. Chev. 131, n° 22. Bolt. t. 4, f. 2. Pers. Synop. p. 364. Fries. Syst. Mycol. 1, p. 33. A. Lacteus. Schœff. t. 31. A. Virgineus. Batsch. f. 12. A. Nitens. Sowerb. t. 71. A. Cossus. Sow. t. 121. Buxb. cent. 4, t. 30, f. 2. Hab. dans les bois de Petit-Port. Septembre, octobre.
Il est très-agréable au goût. Odeur nulle.

A. **DISCOÏDEUS**. Pers. Syn. 365. Duby, 847, n° 377. Chev. 132, n° 23. Fries. Syst. Mycol. 1, p. 33. Hab. aux Dervallières. Automne. M.

A. **PUSTULATUS**. Pers. Syn. 354. Duby, 847, n°

376. Chev. 132, n° 24. Fries. Syst. Mycol. 1, p. 34. Hab. à la Houssinière. Automne. DD.

A. OLIVACEO-ALBUS. Fries. Syst. Mycol. 1, p. 35. Duby, 847, 375. Chev. 133, n° 25. A. Limacinus. Schœff. t. 312. Hab. dans le bois des Dervallières et à la Dennerie. Automne. DD. Rare.

***** *Voile très-fugace, floconneux, pied à fibres.*

A. ALBO-BRUNNEUS. Pers. Synop. 293. Chev. 133, 26. Fries. Syst. Mycol. 1, p. 37. A. Striatus. Schœff. t. 33. A. Glutinosus. Duby, 846, n° 374. Bull. t. 258, 539, 587, f. 1. Hab. les bois de la Houssinière, des Dervallières. Automne. DD.

A. FULVUS. Bull. t. 555, f. 2, 574, f. 1: Fries. Syst. Mycol. 1, p. 37. Ag. Incertus. Schœff. t. 62. Hab. la prairie des Dervallières. Automne. M.

A. RUSSULA. Schœff. t. 58. Pers. Syn. 338. Duby, 846, n° 372. Fries. Syst. Mycol. 1, p. 38. A. Roseus. Schœff. p. 75. Hab. le bois des Dervallières. Automne. B.

A. FLAVO-VIRENS. Pers. Synop. p. 319. Chev. 134, 29. Fries. Syst. Mycol. 1, p. 41. A. Equestris. Linn. Duby, 846, n° 371. A. Aureus. Schœff. t. 41. Buxb. cent. 4, t. 10. Hab. les bois, à la Dennerie. Automne. D.

A. RUTILANS. Schœff. t. 219. Pers. Syn. 320. Duby, 846, n° 370. Chev. 134, n° 30. A. Variegatus. Schum. p. 294. A. Xerampelinus. Sow.

t. 31. Buxb. cent. 5, t. 46. Hab. dans les bois de la Dennerie. Automne. M.

A. POLYPHYLLUS. DC. Fl. fr. 6. 848. Duby, 736, n° 368. Sp. 422. Hab. a la Quarterie, route de Rennes. Automne.

A. TERREUS. Schœff. t. 64. Chev. 135, n° 31. Duby, 845, n° 366. Sow. t. 76. A. Myomyces. Pers. Synop. p. 345. Fries. Syst. Mycol. 1, p. 44. Letel. 663. A. Argyraceus. Bull. 423, 513. Hab. au Bois-Branlard.

A. LEUCOCEPHALUS. Bull. t. 428, p. 536, t. 428, f. 1. Duby, 845, n° 365. Chev. 135, n° 32. A. Colombetta. Fries. Syst. Mycol. p. 44. J. Bauh. 40. A. Albus. Pers. Synop. 363. Letellier, 625. Schœff. t. 256. Hab. les bois de Petit-Port. Automne. BB.

A. MOLYBDOCEPHALUS. Bull. t. 523. DC. Fl. fr. n° 485. Chev. 137, n° 38. A. Æneus. Pers. Synop. p. 302. A. Molybdinus. Fries Syst. Mycol. 1, p. 49. Hab. dans les bois de l'Ebaupin. Automne. D.

A. ACERBUS. Bull. t. 571, f. 2. Duby, 845, n° 358. Chev. 137, n° 39. DC. Fl. fr. n° 175. Pers. Synop. p. 328. Fries. Syst. Mycol. p. 39. Hab. la forêt du Gâvre. Septembre. MM.

A. DECASTER. Fries. Syst. Mycol. 1, p. 49. A. Cinerascens. Bull. t. 428, f. 2. DC. Fl. fr. n° 503. Duby, 845, n° 357. Chev. 138, n° 41. Hab. dans les bois. Automne. D.

A. DASYPUS. Pers. Syn. 348. Duby, 844, n° 356. Chev. 135, n° 40. Fries. Syst. Mycol. 1, p

50. Hab. dans les bois de la Dennerie. Automne. Ce champignon est très-rare. Nous ne l'avons trouvé qu'une fois.

II. PIED ENTIÈREMENT NU.

* Lactescents galactés.

A. Chapeau à bords nus, sec, lisse.

A. RUFUS. Scop. Duby, 841, n° 327. Chev. 147, n° 69. Vaill. p. 61. Sterb. t. 8, f. D. Fries. Syst. Mycol. 1, p. 71. A. Acris t. 538, f. B, C, D, M. Hab. tous nos bois. Septembre, octobre. MM.

A. TITHYMALUS. Scop. p. 452. Duby, 841, n° 328. Chev. 147, n° 68. Fries. Syst. Mycol. 1, p. 71. A. Ichoratus. Batsch. f. 60. A. Testaceus. Pers. Synop. p. 431. A. Acris. Bulliard, t. 538. E, F. Hab. aux Songères, le bois des Dervallières, la Houssinière. Septembre, octobre. MM.

A. THEIOGALUS. Bull. t. 567, f. 2. Duby, 841, n° 329. Chev. 146, n° 67. Pers. Synop. p. 431. Fries. Syst. Mycol. 1, p. 71. DC. Fl. fr. n° 376. Hab. commun aux Dervallières, à la Houssinière, etc. MM.

A. SUBDULCIS. Pers. Syn. 433, Duby, 841, n° 330. Chev. 146, n° 65. Fries. Syst. Mycol. 1, p. 70. A. Rubescens. Schœff. t. 73. Sowerb. t. 204. A. Bulliardi. Fl. dan. t. 1069, fig. 1. A. Lactifluus dulcis. Bull. t. 224. Hab. les fossés, près de Petit-Port. D.

A. CAMPHORATUS. Bull. t. 567, f. 1. Chev. 146, n° 66. Duby en fait une variété du Subdulcis.

A. Subdulcis. DC. Fl. fr. n° 381. Hab. aux Dervallières. Automne. M.

A. **piperatus**. Scop. 449, Duby, 840, n° 317. Bolt. t. 21. Fl. dan. t. 1132. A. Lactifluus acris. Bull. t. 200. DC. Fl. fr. n° 373. A. Amarus. Schœff. t. 83. Hab. la Houssinière, les Songères. Automne. MM.

A. **pargamenus**. Fries. Syst. Mycol. 1, p. 76. Duby, 840, n° 378. Chev. 149, 75. Swartz. Sterb. p. 116. Ag. Piperatus. Batsch. 1, f. 59. A. Dycmogalus. Bull. 584. Paraît être le même que le Piperatus t. 200. Hab. les mêmes lieux que le précédent. Automne. MM.

A. **mitissimus**. Fries. Syst. Mycol. 1, p. 69. Duby, 84', n° 332. Chev. 144, n° 63. A. Testaceus. V. β Pers. Synop. p. 432. Hab. les bois de la Dennerie. Octobre. D.

A. **flexuosus**. Pers. Synop. p. 431. A. Zonarius. Duby, 840, 32. Chev. 149, n° 74. DC. Fl. fr. n° 375. Bull. t. 104. Vaill. t. 12, f. 7. Hab. dans le parc des Dervallières, les bois de la Dennerie. Automne. M.

A.' **quietus**. Fries. Syst. Mycol. 1, p. 69. Duby, 841, n° 331. Chev. 145, 64. A. Rubescens. Fl. dan. t. 1069, f. 2. A. Luctescens. Linn. Hab. à la Houssinière, à la Quarterie. Octobre, novembre. D.

B. Chapeau grumeleux ou écailleux.

A. **plumbeus**. Bull. t. 282, 559, f. 2. Duby, 840, n° 325. Chev. 148, n° 71. DC. Fl. fr. n° 382.

A. Listeri. Sowerb. t. 245. A. Nigrescens. Pers. Synop. p. 435. Hab. la Houssinière, la Barberie. Septembre. MM.

A. GLYCIOSMOS. Fries. obs. 2, p. 194. Syst. Mycol. 1, p. 72. Duby, 841, n° 326. Chev. 147, n° 70. A. Acris. Bull. t. 538. G, H, N. Hab. tous nos bois. Juillet, octobre. MM.

A. VELLEREUS. Fries. Syst. Mycol. 1, p. 76. Duby, 840, n° 316. Chev. 150, n° 77. A. Pubescens. Schrad. Piperatus. Var. Pers. Hab. les mêmes localités que le précédent, auquel il ressemble beaucoup. MM.

C. Chapeau visqueux, glabre, bords nus.

A. AURANTIACUS. Fries. Syst. Mycol. 1, p. 69. Duby, 841, n° 333. Chev. 145, n° 62. A. Testaceus. V. Aurantiacus. Pers. A. Hybridus. Scop. Rufus. Schrad. Hab. dans la mousse, à la Houssinière. Automne. M. et rare.

A. BLENNIUS. Fries. obs. 1, p. 60. Syst. Myc. 1, p. 67. Duby, 842, n° 336. A. Viridis. Schrad. A. Xylophilus. β Viscosus. Pers. Syn. 438. Hab. la forêt du Gâvre. Automne. M.

A. DELICIOSUS. Linn. 1641. Duby, 841, n° 334. Letel. 633. Chev. 144, n° 61. Fries. Syst. Mycol. 1, p. 67. Schœff. t. 11. Sowerb. t. 202. Fl. dan. t. 1131. Buxb. cent. V, t. 45, f. 1. Pers. Synop. p. 432. DC. Fl. fr. n° 379. Hab. dans les bois des Dervallières. Automne.

Son odeur et son suc laiteux doivent engager à s'en défier. Le grand père de Merat le nommait A. Perniciosus.

A. PALLIDUS. Pers. Syn. 431. Duby, 842, nᵒ 335. Chev. 144 , nᵒ 60. Fries. Syst. Mycol. 1 , p. 67. A. Subinvolutus Batsch. t. 37, f. 204. Hab. bois taillis de la Houssinière. Automne. M.

A. LURIDUS. Pers. Syn. 436. Duby , 842 , 338. Chev. 143 , nᵒ 57. Fries. Syst. Mycol. p. 65. A. Fuseus Schœff. t. 235. Amanita Zonaria. Lam. Encyclop. 1 , p. 104. Hab. au Bois-Branlard, Petit-Port. Novembre. M.

A. AZONITES. Bull. t. 559 , f. 1 , 567, f. 3. Duby, 840 , nᵒ 322. Chev. 149 , 73. DC. Fl. fr. 378. A. Umbrinus. Pers. Syn. 435. A. Flexuosus. Fries. Syst. Myc. Hab. bois des Dervallières. Automne. M.

D. Chapeau un peu tomenteux au bord.

A. TORMINOSUS. Schœff. 12. Duby, 842, nᵒ 340. Chev. 143 , nᵒ 55. Sow. t. 103. Fl. dan. t. 1068. Pers. Synop. p. 430. Fries. Syst. Mycol. 1 , p. 63. A. Necator. Bull. 529. fig. 2. Buxb. cent. 4, t. 16. Hab. aux Dervallières, à la Houssinière. Automne. MM.

A. NECATOR. Bull. t. 14 , 529. Duby, 842, nᵒ 339. Chev. 143 , 56. Pers. Syn. 435. Krapf. Schw. t. 5, f. 1 , 4. Hab. aux Dervallières. Octobre. MM.

A. CONTROVERSUS. Pers. Syn. 430. Duby , 842 , nᵒ 342. Chev. 142 , nᵒ 54. Fries. Syst. Mycol. 1 , p. 62. A. Sanguineus. Batsch. 2, f. 201. Hab. forêt du Gâvre. Automne. MM.

** *Chapeau charnu, déprimé ou planiuscule.*

Lames sèches.

RUSSULES. (V. p. 102.)

1. *Chapeau blanchâtre ou blanc.*

A. AURICULA. DC. Fl. fr. Suppl. n° 464. Duby, 839, n° 314. Chev. 153, n° 85. Am. Auricula. Dubois, Fl. orl. p. 168. Hab. Il croît abondamment à Petit-Port et à la Quarterie.

Il a odeur de farine et il est très-bon. Septembre, octobre.

A. VIRGINEUS. Wulf. in Jacq. t. 15, f. 1. Sowerb. t. 32. Duby, 838, n° 301. Chev. 158, n° 100. DC. Fl. fr. n° 448. Grev. Fl. crypt. t. 166. A. Ericeus. Bull. t. 188. A. Niveus. Schœff. t. 232. Scop. p. 430. Hab. à la Quarterie, la Houssinière. BB.

A. CANDICANS. Pers. Synop. p. 456. Chev. 155, n° 93. Fries. Syst. Mycol. p. 91. A. Umbilicatus. Bull. t. 411, f. 2. DC. Fl. fr. n° 445. Duby, 832, n° 253. Hab. la Houssinière. Août, novembre. D.

A. SUAVEOLENS. Desvaux. A. Fragrans. Letel. 656. Sowerb. Pers. Hab. à la Barberie, forêt du Gâvre. Novembre. B.

A. GRAMMOPODIUS. Bull. t. 548, 585. f. 1. Duby, 839, n° 307. Chev. 156, n° 94. DC. Fl. fr. n° 476. Fries. Syst. Mycol. 1, p. 93. A. Graveolens. Sowerb. Hab. à la Houssinière. Octobre. D.

A. ramosus. Bull. t. 102. Duby, 838, 305. Chev. 157, nᵒ 97. DC. Fl. fr. nᵒ 477. Hab. à la Dennerie. Octobre. B.

A. alliaceus. Jacq. Aust. t. 82. Duby, 829, nᵒ 223. Chev. 177, nᵒ 153. Bull. t. 158, 524. Pers. Synop. p. 375. Fl. dan. t. 1251. A. Porreus. Fries. Syst. Mycol. 1, p. 141. Hab. à l'Ebaupin, à la Houssinière. Octobre, novembre. Il a une odeur d'ail très-prononcée.

B. Chapeau cendré ou gris.

A. nitratus. Fries. Spr. p. 427. Pers. A. Murinaceus. Bull. t. 520. Duby, 836, nᵒ 286. Chev. 165, nᵒ 117. DC. Fl. fr. nᵒ 505. Hab. commun dans une allée de charmille à la Quarterie et dans l'avenue des Dervallières. Octobre. MM.

A. argyrospermus. Bull. t. 602. Non cité. Hab. dans les bois de la Dennerie, à la Houssinière. Octobre. M.

A. nebularis. Batsch. f. 193. Duby, 839, nᵒ 313. Chev. 153, nᵒ 86. Pers. Synop. p. 349. Fries. Syst. Mycol. 1, p. 86. A. Pileolarius. Bull. t. 400. DC. Fl. fr. nᵒ 461. Hab. à la Houssinière. Octobre, novembre. B.

A. schumakeri. Fries. Syst. Mycol. 1, p. 87. Cheval. 153, nᵒ 87. A. Pullus. Pers. Synop. p. 350. Duby, 839, nᵒ 312. A. Fagineus. Schum. Sœll. p. 330. Hab. forêt du Gâvre. Automne. D.

A. eryngii. DC. Fl. fr. Suppl. nᵒ 462. Duby, 839, nᵒ 315. Chev. 152, nᵒ 84. Mich. Gen.

t. 73, f. 2. Paulet, 2, p. 133. Fries. Syst. Mycol. 1, p. 84. Hab. les bois de la Dennerie. Automne. B.

Dans quelques pays on le connaît et on le mange sous le nom de Brigoule ou Barigoule.

A. RADICATUS. Rehl. 1040. Duby, 836, n° 283. Chev. 166, n° 120. Fries. Syst. Mycol. 1, p. 118. Sow. t. 48. Pers. Synop. p. 313. A. Umbraculum. Batsch. f. 4. Ag. Longipes. Bull. t. 505. V. α A. Pudens. Bull. t. 232. Hab. commun à la Houssinière. Automne. D.

C. Chapeau couleur de terre d'ombre.

A. GRAVEOLENS. Pers. Syn. 361. Duby, 845, n° 364. Chev. 136, n° 34. Fries. Syst. Mycol. 1, p. 45. Hab. dans les lieux herbeux des bois, forêt de Toufou. Il se reconnaît à son odeur forte. MM.

A. SEMI ORBICULARIS. Bull. t. 422, f. 1. Duby, 811, n° 84. DC. Fl. fr. n° 410. A. Arvalis Fries. Syst. Mycol. 1, p. 263. Hab. à la Houssinière, aux Dervallières. Automne.

A. PUDENS. Pers. p. 140. Longipes. Bull. t. 232, non 515. Hab. la Houssinière. Automne. D.

D. Chapeau noirâtre.

A. BREVIPES. Bull. t. 521, f. 2. Duby, 844, n° 353. ? A. Pers. Syn. 360. DC. Fl. fr. n° 2, p. 179. Hab. sur la terre, à la Barberie. Novembre. M.

A. **ADUSTUS**. Pers. Synop. p. 459. Chev. 142, 53. Fries. Syst. Mycol. 1, p. 60. Bull. t. 12. DC. n° 413. Hab. dans tous nos bois, et urtout au Plessis-Tison. DD. Automne.

A. **CARTILAGINEUS**. Bull. t. 589, f. 2. Duby, 45, n° 363. Chev. 135, n° 33. Pers. Synop. p. 56. DC. Fl. fr. n° 506. Fries. Syst. Myc. 1, 46. Hab. aux Dervallières, à la Barberie. Automne.

A. **CUNEÏFOLIUS**. Fries. Obs. 2, p. 99. Duby 36, n° 285. Chev. 165, n° 118. A. Cinereo imosus. Batsch. 2, f. 206. A. Ovinus. Bull. 580, fig. A, B. DC. Fl. fr. n° 474. A. Mela eucus. Spring. Hab. dans une prairie du chemin e la Contrie. Été et automne. B.
NOTA. L'Agaricus ovinus. Duby, n° 290, est ο même que le Cuneïfolius.

E. Chapeau brunâtre.

A. **PHAIOCEPHALUS**. Bull. t. 555, f. 1. Duby, 45, n° 361. Chev. 136, n° 36. DC. Fl. fr. n° 86. Pers. Synop. 302. Fries. Syst. Mycol. 1, 46. Hab. à la Houssinière, aux Derval ières. Printemps et automne. D.

A. **PHAIOPODIUS**. Bull. t. 532, f. 2. Duby, 35, n° 278. DC. Fl. fr. n° 493. Hab. à la Hous inière. Automne. D.

A. **PERONATUS**. Bolt. t. 58. Chev. 170, n° 33. Sowerb. t. 37. DC. Fl. fr. Suppl. n° 488. Fries. Syst. Mycol. 1, p. 126. A. Lanatus. Schum. Sœll. p. 327. Hab. à la Quarterie. Oc obre, novembre. D.

A. COLLINUS. Scop. 432. Duby, 834, n°
272. Chev. 168, n° 138. Schœff. t. 220. Fries.
Syst. Mycol. 1, p. 124. Fl. dan. t. 1609. A.
Arundinaceus. Bull. t. 403. F, A. DC. Fl. fr.
n° 421. Hab. aux Dervallières, prairie de Roche-
Maurice. Automne. M.

A. CONTORTUS. Bull. t. 36. Duby, 835, n°
277. DC. Fl. fr. n° 497. Amanita contorta.
Lam. Dict. 1, p. 108. Hab. au pied des
arbres. Été. B.

A. CARYOPHYLLACEUS. Pers. Synop. p. 145.
A. Oreades. Chev. 171, n° 135. Bolt. t. 151.
Fries. Syst. Mycol. 1, p. 127. A. Pratensis
Huds. Sowerb. t. 127. A. Pseudo Mousseron.
Bull. t. 144, 528, fig. 2. A. Tortibs. DC. Fl.
fr. n° 525. Hab. les prairies sablonneuses, les
sables de Saint-Brevin, butte de Couëron. BB.
Eté, automne.

F. Chapeau rouge ou rougeâtre, violet entier.

A. FUSIPES. Bull. 146, 516, f. 2. Pers.
Syn. 312. Duby, 835, n° 281. A. Leptopodes.
Chev. n° 89. A. Crassipes. Schœff. t. 87,
88. Sow. t. 129. Hab. à la Houssinière. Novembre. B. Saveur acide.

A. FUSEO PURPUREUS. Pers. Synop. p. 451.
Iconog. et Desc. Fung. t. 4, fig. 1. Chev.
172, n° 137. Fries. Syst. Mycol. 1, p. 128.
Hab. sur les feuilles mortes. Trouvé une seule
fois à la Houssinière. Septembre. M.

A. NUDUS. Bull. t. 439. Pers. Synop. p. 277.
DC. Fl. fr. n° 527. Duby, 844, n° 352. Chev.

138, n° 42. Fries. Syst. Mycol. 1, p. 52. Hab. à la Houssinière, à la Quarterie, aux Dervallières. Octobre. BB.

A. ruber. DC. Fl. fr. n° 42. Duby, 843, n° 346. Chev. 141, n° 49. Fries. Syst. Mycol. p. 58. A. Sanguineus. Bull. t. 42. Hab. à la Houssinière, au Petit-Port, à la Dennerie. Novembre. MM.

A. ionides. Bull. t. 533, f. 3. Pers. Synop. p. 338. DC. Fl. fr. n° 485. Duby, 837, n° 292. Chev. n° 110. Fries. Syst. Mycol. 1, p. 107. Hab. à la Houssinière. Été et automne. D.

A. butyraceus. Bull. t. 572. Duby, 835, n° 279. Chev. 167, n° 123 DC. Fl. fr. n° 483. Fries. Syst. Mycol. 1, p. 121. A. Leucophyllus et Trichopus. Pers. Synop. 308, 309. Hab. sur les feuilles dans tous nos bois. Novembre. D.

G. Chapeau glabre, rouge ou rougeâtre, bords à sillons striés, dentés ou lobés.

A. alutaceus. Pers. Syn. 441. Duby, 844, n° 351. Chev. 138, n° 43. Fries. Syst. Mycol. 1, p. 55. A. Pectinaceus. Bull. 509. Q, R, S, T. Ag. Campanulatus, Griseus, Cœruleus, Olivaceus, Ochraceus. Pers. Syn. 440, 445, 447 et 443. Letel. 683. Tous ces noms peuvent lui convenir, suivant les différences de forme et de couleur qu'elle affecte. Voyez Chev. qui en a fait autant de variété. Hab. la forêt du Gâvre. Septembre. D.

A. nitidus. Pers. Syn. 444. Duby, 843, n° 349. Chev. 139, n° 45. Fries. Syst. Mycol. 1,

p. 55. A. Purpureus. Schœff. t. 254. A. Nau-
seosus. A. Vitellinus. Pers. Syn. 442, 446. Ag.
Risigallinus. Batsch. 1, f. 72. Hab. dans nos
bois. Septembre et octobre. MM.

A. EMETICUS. Schœff. Fries. Syst. Mycol. 1,
p. 56. Tourn. t. 327. Chev. 139, 46. Bull. t.
509. O, P. A. Pectinaceus. Duby, n° 348.
Hab. tous nos bois. Août, novembre. MM.

Cette espèce, de même que l'Alutaceus, varie
tellement de couleur que quelques auteurs en
ont fait autant de variété ; mais ses feuillets,
très-blancs, toujours entiers, mêlés de quelques rares demi-feuillets, la font facilement
reconnaître.

A. PELIANTHINUS. Fries. (Syst. Mycol. 1, p.
112. Duby, 835, n° 276. A. Denticulatus. Pers.
Syn. 423. Bolt. Hab. Ce joli champignon croît
au pied du chêne, dans les lieux ombragés de
la forêt du Gâvre. Septembre. M.

A. FRAGILIS. Pers. (Syn. 440. Duby, 843, n°
347. Chev. 140, n° 48. Fries. Syst. Mycol. 1,
p. 57. A. Niveus. Pers. Syn. 438. Hab. la Houssinière, le bois du Collége. Août, octobre. MM.

Ce champignon se confond facilement avec
l'Emeticus, mais ses feuillets toujours égaux le
font facilement reconnaître.

A. MINIATUS. Fries. Syst. Mycol. 1, p. 105.
Chev. 161, n° 108. Vaill. Bot. Par. p. 66. A.
Glutinosus. Fl. Dan. t. 1009, fig. 2. Hab. l'an-
cien jardin de M. Oudet, chemin de Barbin. M.

A. PUNICEUS. Fries. Syst. Mycol. 1, p. 104.
Duby, 837, n° 296. Chev. 160, n° 106. Sterb.

. 22. D, E. Fl. dan. t. 833, f. 1. A. Rigidus.
Bolt. t. 43. A. Coccineus. Schœff. Bull. t. 202.
Jab. aux Dervallières. Automne. D.

A. COCCINEUS. Wulff. in Jacq. Coll. 2, p.
06. Non DC. Pers. Syn. 234. Duby, 837, n°
295. Chev. 161, n° 107. A. Scarlatinus. Bull.
. 570, f. 2. A. Hermesinus. Fl. dan. t. 715. A
iniatus. Scop. non Fries. Hab. aux Dervalliè-
es. Septembre, octobre. D.

H. Chapeau rouge ou rougeâtre-violacé,
pubescent très-strié.

A. OEDEMATOPUS. Schœff. t. 259. Duby, 838,
° 304. Chev. 154, n° 88. Fries. Syst. Mycol. 1,
. 95. A. Fusiformis. Bull. t. 76. DC. Fl. fr.
° 475. Hab. Il croît par groupes, dans les bois
e la Dennerie. Eté et automne. D.

A. LACCATUS. Schœff. t. 13. Duby, 837, n°
93. Fries. Syst. Mycol. 1, p. 107. Grev. Crypt.
l. t. 249. A. Amethysteus. Bull. t. 570, f. 1.
B. Automne.

V. α Subcarneus. Desmaz. n° 316. A. Fari-
aceus. Bolt. t. 64. Sow. t. 208. A. Rosellus.
atsch. 1, f. 99, 100. Schœff. t. 303, 304.

V. β Amethysteus. Desmaz. n° 317. Bull. t.
98. DC. Fl. fr. n° 458. Hab. commun dans tous
os bois. BB.

A. ARCUATUS. Bull. t. 443, 589, f. 1. Duby,
37, 291. Chev. 163, n° 111. DC. Fl. fr. n° 484.
ers. Synop. p. 303. Fries. Syst. Mycol. 1,

p. 109. Hab. Cette espèce est commune dans les bois, les vergers et les jardins. Automne. DD.

1. Chapeau jaune ou jaunâtre lisse.

A. FICOÏDES. Bull. t. 587, f. 1. Duby, 838, n° 302. Chev. 157, n° 98. A. Pratensis. Fries. Syst. Mycol. 1, p. 99. Pers. Synop. p. 304. Hab. le parc des Dervallières. Novembre. D.

A. FRUMENTACEUS. Bull. t. 571, f. 1. Duby, 845, n° 362. Chev. 136, n° 35. DC. Fl. fr. n° 504. Hab. la forêt du Gâvre. Novembre. M.

A. AQUOSUS. Bull. t. 17. Duby, 834, n° 270. Chev. 169, n° 130. Fries. Syst. Mycol. 1, p. 123. A. Melleus. Schœff. t. 45. Hab. la Houssinière, la Quarterie. Novembre. M.

A. REPENS. Bull. t. 90. Duby, 835, n° 273. Chev. 168, n° 127. A. Erythropus. Fries. Syst. Mycol. 1, p. 123. Hab. Trouvé une seule fois, à la Dennerie.

Ni goût ni odeur désagréable.

A. CANDOLLIANUS. Fries. Syst. Mycol. 1, p. 297. Chev. 229, n° 303. A. Appendicalatus. Bull. t. 392. A. Mutabilis. Fl. dan. t. 774. A. Violaceo lamellatus. DC. Fl. fr. n° 406. Hab. les Derval lières. Octobre. M.

A. DRYOPHILUS. Bull. t. 434. Duby, 834, n° 271. Chev. 169, n° 129. Sowerb. t. 127. Pers. Synop. t. 452. Fries. Syst. Mycol. 1, p. 124. DC. Fl. fr. n° 443. Hab. à la Houssinière. Octobre. D.

A. HARIOLORUM. Bull. t. 585, f. 2. Duby 834, n° 269. Chev. 170, n° 131. DC. Fl. fr. n

8. Fries. Syst. Mycol. 1, p. 125. A. Sagarum.
ers. Synop. p. 182. Hab. commun à la Houssi-
ère. Octobre. M.

7. *Chapeau visqueux, quelquefois jaune ou*
verdâtre.

A. **psittacinus**. Schœff. t. 301. Duby, 838,
300. Sow. t. 82. Pers. Syn. 335. Grev. Crypt.
1. t. 74. Ag. Chamœleo. Bull. t. 188, 545, f. 1.
C. Fl. fr. n° 482. Hab. parc des Dervallières.
utomne. M.

A. **hypothejus**. Fries. Syst. Mycol. Desvaux.
ab. à la Dennerie, sous les sapins. Novembre.
arc.

A. **helvelloïdes**. Bull. t. 601, f. 1. Merulius
legans. Pers. Hab. les bois de Clermout. Sep-
embre.

A. **foetens**. Pers. Syn. 443. Duby, 843, n° 345.
hev. 140, n° 52. DC. Fl. fr. n° 370. A. Pipe-
atus. Bull. t. 292. non alior. Hab. forêt du Gâvre.
ovembre. MM.

A. **luteus**. Huds. éd. 2, p. 611. Duby, 844,
° 350. Chev. 139, n° 44. Pers. Synop. p. 442.
ries. Syst. Mycol. 1, p. 55. A. Leucothejus.
ull. t. 509. Hab. bois des Dervallières. Eté et
utomne. R. M.

A. **dentatus**. Linn. p. 1641. Duby, 838, n°
97. A. Conicus. Chev. 160, n° 105. Schœff. t.
, fig. 9. Fries. Syst. Myc. 1, p. 103. A. Croceus.
ull. t. 50, 524. DC. Fl. fr. n° 515. A. Auran-

tiacus. Sowerb. t. 381. Hab. les bois de Clermont. D.

A. CERACEUS. Wulff. in Jacq. Collect. 2, t. 15, f. 2. Duby, 838, n° 299. Chev. 159, n° 103. Sowerb. t. 20. Pers. Synop. p. 337. Fries. Syst. Mycol. 1, p. 102. Hab. dans les prairies et les pacages. Petit-Port. Août, novembre. D.

A. LOETUS. Pers. Synop. t. 334. Chev. 159, n° 102. Fries. Syst. Mycol. 1, p. 102. Les feuillets sont décurrents, peu nombreux. Hab. dans une prairie, près Grillaud. Eté.

A. VELUTIPES. Curtis. Lond. 4, t. 70. Duby, 835, n° 282. Bolt. t. 135. Sowerb. t. 384, f. 3. A. Nigripes. Bull. t. 344, 519, f. 2. DC. Fl. fr. n° 422. Hab. à l'Ebaupin, à la Houssinière. Printemps et automne. D.

A. CHLOROPHANUS. Fries. Syst. Mycol. 1, p. 103. Duby, 838, n° 298. Chev. 159, n° 104. Hab. parmi les mousses, sous les arbres, aux Songères. Automne.

K. Chapeau pubescent ou écailleux.

A. PACHYPHYLLUS. Fries. Spring. p. 433. Hab. sous le bois de sapin, à la Quarterie.

A. SEJUNETUS. Sw. A. Grammocephalus. Bull. t. 594. Hab. à la Houssinière. Automne. D.

A. SULPHUREUS. Bull. t. 168, 545, f. 2. Duby, 836, n° 289. Chev. 163, n° 113. Sowerb. t. 44. DC. Fl. fr. n° 490. Fries. Syst. Myc. 1, p. 110. A. Luteus. Pers. Synop. p. 322. Hab. à la Houssinière. Octobre. MM.

A. LASCIVUS. Fries. Syst. Mycol. 1, p. 110. Duby, 836, n° 288. Chev. 164, n° 114. Hab. dans les bois, à l'ombre.

C'est probablement une variété du précédent, à feuillets blancs. M.

A. RIMOSUS. Bull. t. 388, 599. Duby, 814, n° 112. Chev. 215, n° 262. Sowerb. t. 323. Pers. Synop. p. 310. DC. Fl. fr. n° 517. Grev. Crypt. Fl. t. 128. A. Aurivenius. Batsch. f. 107. Hab. la forêt du Gâvre, l'Ebaupin. Automne. D.

A. OVINUS. Bull. t. 580. Duby, 837, n° 290. Chev. 163, n° 112. Fries. Syst. Mycol. 1, p. 109. DC. Fl. fr. n° 474. Pers. Synop. p. 103. Hab. les pacages, les prairies du chemin de Grillaud. Été et automne. B.

L. Chapeau verdâtre.

A. FURCATUS. Pers. Syn. 446. Duby, 843, n° 344. Chev. 141, n° 50. DC. Fl. fr. n° 371. A. Bifidus. Bull. t. 26. Hab. dans les bois de Petit-Port. Automne. D.

A. VIRIDIS. Schrad. p. 123. Chev. 144, n° 59. Sterb. t. 5. E. A. Blennius. Fries. Syst. Mycol. 1, p. 67. Amanita æruginosa. Lam. Encycl. 1, p. 105. Agaricus xylophilus. Var. β Pers. Synop. p. 438. Hab. la forêt du Gâvre. Automne. D.

A. ODORUS. Bull. t. 176, 556, f. 3. Duby, 839, n° 309. Chev. 155, n° 92. Sowerb. t. 42. DC. Fl. fr. n° 468. Fl. dan. t. 1611. Grev. Crypt. Fl. t. 28. A. Anisatus. Pers. Hab. la forêt du

Gâvre. Septembre, octobre. BB. Commun à la Quarterie.

*** PETITS, FISTULEUX, LAMES BLANCHES.

Mycènes.

A. Chapeau blanc ou blanc piqueté.

A. SCORODONIUS. Fries. Syst. Mycol. 1, p. 130. Chev. 172, n° 138. A. Alliatus. Schœff. t. 99. Pers. Synop. p. 373. A. Schœfferi, Pers. obs. 2, p. 55. Hab. à l'Ebaupin, à la Quarterie. Automne.

A. TUBEROSUS. Bull. t. 256, 522, f. 4. Duby, 830, n° 237. Chev. 173, n° 142. DC. Fl. fr. n° 478. Fl. dan. t. 1613. Grev. Crypt. Fl. t. 23. A. Alumnus. Bolt. t. 155. Hab. sur le Sclerotium cornutum. Automne.

A. ANDROSACEUS. Linn. Suec. 1193, non Pers. Duby, 829, n° 229. Chev. 176, n° 150. Fries. Syst. Myc. 1, p. 137. Bolt. t. 32. Fl. dan. t. 1551, f. 1. A. Epiphyllus. Bull. t. 569, f. 2. DC. Fl. fr. n° 434.

A. HUDSONII. Pers. Syn. 390, Duby, 829, n° 224. DC. Fl. fr. n° 435. A. Pilosus. Hudson. Sowerb. t. 164. Hab. à la Houssinière, à l'Ebaupin, sur les feuilles mortes du houx. Octobre.

A. MUSCIGENUS. Schum. Sœll. p. 307. Duby, 828, n° 218. Chev. 179, n° 158. Fries. Syst. Mycol. 1, p. 145. A. Trichopus. Scop. Hab. sur la mousse qui couvre les arbres. Automne.

A. LACTEUS. Pers. Syn. 394. Duby, 827, n°

205. Chev. 183, n° 171. A. Nanus. Bul. t. 563.
A. Papillatus. Hoffm. t. 3, f. 2. Hab. sur les
mousses des arbres.

A. TORQUATUS. Fries. Syst. Mycol. 1, p. 153.
Duby, 827, n° 204. Chev. 183, n° 172. A. Nanus.
Bull. t. 563, f. R, S, T. A. Stylobates. Hoffm.
t. 3, f. 2. Buxb. cent. t. 31, f. 1. Hab. sur les
débris des végétaux.

A. STYLOBATES. Pers. Synop. p. 390, t. 5,
f. 4. Duby, 826, n° 203. Chev. 183, n° 173.
Fries. Syst. Mycol. 1, p. 153. Nees. Syst. fig.
189. Hab. sur les débris de végétaux.

A. INTEGRELLUS. Pers. Icon. Pict. t. 13, f. 6.
Synop. 393. Duby, 825, n° 193. Chev. 186, n°
181. Fries. Syst. Mycol. 1, p. 161. Rai. Synop.
p. 19. Hab. sur les feuilles mortes, à la Quarterie. Automne.

A. CAULICINALIS. Bull. t. 522, f. 1. Duby, 829,
n° 228. Chev. 171, n° 134. DC. Fl. fr. n° 519.
A. Stipitarius. V. β Caulicinalis. Fries. Syst.
Mycol. 1, p. 138. Hab. sur les tiges mortes des
Equisetum, aux Cléons. Automne.

B. *Chapeau grisâtre.*

A. GRISEUS. Fl. dan. t. 1551, f. 2. Duby, 828,
n° 221. Chev. 177, n° 155. A. Supinus. Fries.
Syst. Mycol. 1, p. 142. Hab. sur les troncs des
vieux arbres, à la Houssinière, après de grandes
pluies. Automne.

A. PARASITICUS. Bull. t. 574, f. 2. Duby, 830,
n° 232. Chev. 175, n° 147. Pers. Synop. p. 371.

Fries. Syst. Mycol. 1, p. 135. DC. Fl. fr. n° 492.
Hab. sur les grands Agaria pourris.

A. ALKALINUS. Fries. obs. 2, p. 153. Duby,
828, n° 220. Chev. 178, n° 156. A. Sulfureus.
Scop. Vaill. Bot. t. 12, f. 1, 2. Hab. dans le parc
des Dervallières. Automne.

G. Chapeau enfumé ou brun-noir.

A. EPIBRYUS. Fries. Syst. Mycol. 1, p. 275.
Duby, 809, n° 70. Hab. parmi les mousses, aux
Dervallières. Automne.

A. GALERICULATUS. Schœff. t. 52, Duby, 828,
n° 219. Chev. 178, n° 157. Sowerb. t. 165. Pers.
Synop. p. 376. Fries. Syst. Mycol. 1, p. 143.
A. Fistulosus. Bull. t. 578. DC. Fl. fr. n° 425. A.
Pseudoclypeatus. Bolt. t. 154. Vaill. Hab. les
Dervallières, la Houssinière. Automne. M.

A. PRASIOSMUS. Fries. obs. 2, p. 153. Duby,
828, n° 214. Chev. 180, n° 162. Fries. Syst.
Mycol. 1, p. 148. Hab. sur les feuilles mortes
tombées. Automne, hiver.

A. GALOPUS. Pers. obs. 2, p. 56. Synop. p.
379. Duby, 827, n° 212. Chev. 181, n° 164. Fl.
dan. t. 1550, f. 2. Fries. Syst. Mycol. 1, p. 148.
A. Lactescens. Schrad. Hab. aux Dervallières.
Août, novembre.

A. UMBRATILIS. Fries. Syst. Mycol. p. 157.
Duby, 826, n° 198. Chev. 185, n° 177. Vaill.
n° 39, p. 66. Hab. sur le bord des fossés, bois
de Petit-Port. Automne.

A. CONIGENUS. Pers. Synop. p. 388. Duby,

30, nᵒ 238. Chev. 173 , nᵒ 141. Fries. Syst. ycol. 1, p. 132. Buxb. cent. 1, t. 67, f. 2. Hab. ur les cônes de pin et les feuilles mortes tombées , à la Quarterie. Novembre.

A. PLEXIPES. Fries. Syst. Mycol. 1 , p. 146. Duby, 828, nᵒ 217. Chev. 179, nᵒ 159. A. Fuliginarius. Batsch. f. 40. Hab. sur les fruits et les troncs du hêtre , à la Verrière. Automne.

A. ATROCYANEUS. Batsch. 1, f. 87. Duby, 828, nᵒ 215. Chev. 180, nᵒ 161. Fries. Syst. Mycol. 1, p. 147. Hab. sur la terre , parmi les feuilles tombées, aux Dervallières. Novembre.

D. Chapeau brun.

A. PERPENDICULARIS. Bull. 422, fig. 2. Spr. p. 436, f. 258. Hab. Je ne l'ai trouvé qu'une seule fois , dans les bois de la Dennerie.

A. ALLIACEUS. Jacq. Aust. t. 82 , non Bull. Duby , 829 , nᵒ 223. Chev. 177, nᵒ 153. Pers. Syn. 375. Fl. dan. t. 1251. Mich. t. 78, f. 4. Hab. sur les feuilles tombées, dans les bois humides de la Houssinière et de l'Ebaupin. Octobre.

A. FILOPOS. Bull. t. 320. Duby, 829, nᵒ 222. Chev. 177, nᵒ 254. DC. Fl. fr. nᵒ 427. A. Membranaceus. Hoffm. t. 6, f. 1. A. Pilosus. Batsch. f. 1. Hab. parmi les mousses aux Dervallières. Novembre.

A. POLYGRAMMUS. Bull. t. 395. Duby, 828, nᵒ 216. Chev. 177, nᵒ 160. DC. Fl. fr. nᵒ 426. Pers. Synop. p. 377. Fries. Syst. Mycol. 1, p. 146.

Fl. dan. t. 1615, f. 1 et 4, 1498. A. Fistulosus. Bull. t. 518, f. H. Hab. dans les troncs d'arbres creux et pourris, sur la route de Rennes, à Petit-Port, à la Jaunaie. Eté et automne. M.

A. GLAUCUS. Bull. t. 521, f. 1. Duby, 820, n° 152. DC. Fl. fr. n° 480. A. Chalybœus. Pers. Iconog. Pict. t. 4, f. 3 et 4. Fries. A. Columbarius. Sow. t. 161. Hab. parmi les Graminées, aux Cléons.

A. CORTICOLA. Bull. t. 519, f. 1. Duby, 826, n° 196. Chev. 185, n° 179. Pers. Synop. p. 394. Fries. Syst. Mycol. 1, p. 159. Sow. t. 243. DC. Fl. fr. n° 440. A. Corticola. Pers. Fries. A. Clavularis. Batsch. Hab. sur les arbres couverts de mousses et de lichens, au Plessis-Tison, à la Houssinière. Novembre.

E. Chapeau rouge ou rougeâtre.

A. CARNEUS. Bull. t. 523, f. 1. Duby, 831, n° 240. Chev. 172, n° 139. Pers. Synop. p. 340. DC. Fl. fr. n° 489. Hab. dans le bois de sapin de la Quarterie, à la Houssinière, etc. Automne.

A. RAMEALIS. Bull. t. 336, Duby, 830, n° 234. Chev. 174, n° 145. Pers. Synop. p. 375. Fries. Syst. Mycol. 1, p. 135. DC. Fl. fr. n° 520. Desmaz. n° 318. A. Candidus. Bolt. t. 39, f. D. Mich. t. 74, f. 7. Hab. sur les rameaux secs et sur les feuilles et tiges de Graminées. Automne.

A. CLAVUS. Bull. t. 148. Duby, 830, n° 235. Chev. 174, n° 144. Bolt. t. 39. DC. Fl. fr. n° 439. Pers. Synop. p. 392. Fries. Syst. Mycol. 1,

p. 134. Vaill. Bot. t. 11, fig. 19, 20. Hab. sur le bois pourri et les feuilles mortes, à la Houssinière, Petit-Port. Automne.

A. STROBILINUS. Pers. Synop. 393. Fries. Syst. Mycol. 1, p. 130. Duby, 827, n° 211. Chev. 181, n° 165. A. Coccineus. Sow. t. 197. Hab. sur les branches de frêne et de pin. Novembre.

A. VARIEGATUS. Pers. Synop. 391. Duby, 826, n° 197. Chev. 185, n° 178. DC. Fl. fr. n° 437. A. Tentatulus. Bull. t. 560, f. 3. Hab. dans les mousses, forêt du Gâvre, la Houssinière. Automne.

A. PELLUCIDUS. Bull. t. 550, f. 2. Duby, 826, n° 199. Chev. 184, n° 176. DC. Fl. fr. n° 459. Fries. Syst. Mycol. 1, p. 157. A. Biconus. Pers. Synop. p. 317. Hab. commun aux Dervallières. Automne.

A. FILICINUS. Spr. 438. A. Pterigenus. Fries. obs. 2, p. 43. Duby, 826. n° 195. Chev. 186, n° 180. Hab. dans les bois, parmi les mousses.

A. PURUS. Pers. Synop. 339. Duby, 827, n° 209. Chev. 181, n° 167. DC. Fl. fr. n° 481. Bull. t. 162 et 507. Sowerb. t. 72. Fl. dan. t. 1673. Hab. dans les bois de sapin de la Quarterie. Août, novembre.

A. ADONIS. Bull. 560, f. 2. Duby, 827, n° 208. Chev. 182, n° 168. Pers. Synop. 391. DC. Fl. fr. n° 436. Fries. Syst. Mycol. 1, p. 132. Hab. dans les bois, à la Vrillière. Automne.

F. Chapeau jaune.

A. AMADELPHUS. Bull. t. 550, f. 3. Duby, 830,

n° 233. Chev. 175, n° 146. DC. Fl. fr. n° 451. Fries. Syst. Mycol. p. 155. Hab. Il vient en groupe sur l'écorce des vieux arbres, à la Houssinière. Automne.

A. FOETIDUS. Fries. Syst. Mycol. 1, p. 138. Duby, n° 227. Chev. 176, n° 151. A. Venosus. Pers. Mœrulius fœtidus. Sowerb. t. 31. Hab. sur les branches mortes tombées, aux Dervallières. Automne, printemps.

A. LINEATUS. Bull. t. 522, f. 3. Chev. 183, n° 170. Pers. Synop. p. 383. DC. Fl. fr. n° 428. Fries. Syst. Mycol. 1, p. 132. Duby, 827, n° 206. Hab. commun sur le bord des fossés, dans les bois de Petit-Port. Automne et printemps.

A. EPIPTERYGIUS. Scop. p. 455. Duby, 826, n° 201. Chev. 184, n° 187. Pers. Synop. p. 382. DC. Fl. fr. suppl. n° 434. Fries. Syst. Mycol. 1, p. 155. A. Flavipes. Schœff. t. 31. A. Nutans. Sowerb. t. 92. Vaill. Bot. p. 69. Hab. par groupes sur les feuilles et les débris de végétaux, à la Houssinière. Automne.

A. CITRINELLUS. Pers. Iconog. Pict. t. 11, f. 3. Synop. 384. Duby, 826, n° 200. Chev. 184, n° 175. Fries. Syst. Mycol. 1, p. 155. Fl. dan. t. 1614, f. 1. Hab. par groupes sur les feuilles des pins, à la Quarterie. Novembre.

A. ROSELLUS. Fries. Syst. Mycol. 1, p. 151. Chev. 181, n° 166. A. Roseus. Pers. Synop. p. 393. DC. Fl. fr. n° 438. Bull. t. 518, f. 2. Hab. le jardin de M. Oudet, chemin de Barbin. Novembre.

A. **plicatus**. Bull. t. 80. Schœff. t. 31. Hab. forêt du Gâvre. Novembre.

G. Chapeau verdâtre.

A. **chloranthus**. Fries. Syst. Mycol. p. 152. Duby, 827, n° 207. Chev. 182, n° 169. Fl. dan. t. 1614, f. 2. Hab. dans les bois, dans l'herbe. Automne.

****** CHAPEAU OMBILIQUÉ.**

Omphalodes.

A. Chapeau ombiliqué ou poilu.

A. **squamulosus**. Pers. Synop. 449. Duby, 834, n° 264. Chev. 152, n° 82. Fries. Syst. Mycol. 1, p. 82. Hab. sur la terre, après les premières pluies, sur la grande pelouse de la Houssinière. Automne.

A. **tigrinus**. Bull. t. 90. Duby, 825, n° 191. Sowerb. t. 68. DC. Fl. fr. n° 452. Hab. sur les vieilles souches de saule, à Ancenis. Eté et Automne. B.

B. Chapeau glâbre, blanc.

A. **giganteus**. Schœff. Letel. 682. Desv. Duby, 834, n° 268. Sowerb. 244. Hab. aux Songères. Octobre, novembre. MM.

A. **flaccidus**. Fries. Syst. Mycol. 1, p. 81. Chev. 151, n° 79. Sowerb. t. 185. A. Infundibuliformis. Bull. t. 286 (non 553, qui représente l'Orcellus). Schœff. t. 212. Hab. sur les feuilles tombées, la Houssinère, les Dervallières. Automne, printemps. D.

A. PHYLLOPHILUS. Pers. Synop. p. 457. Duby, 833, n° 260. Chev. 152, n° 83. Fries. Syst. Mycol. 1, p. 83. Letel. 605. Hab. à la Houssinière, à la Dennerie, aux Dervallières. Août, octobre.

A. HYDROGRAMMUS. Bull. t. 564, f. A. Duby, 833, n° 261. Chev. 188, n° 188. Fries. Syst. Mycol. 1, p. 69. DC. Fl. fr. n° 447. Hab. dans les bois, sur les feuilles tombées. Août, novembre. D.

A. VAILLANTII. Fries. Syst. Mycol. 1, p. 136. Duby, 830, n° 231. Chev. 175, n° 148. A. Nitidus. Gunn. Vaill. Bot. t. 11, f. 21, 24. Hab. dans le bois de sapin de la Quarterie, sur les feuilles tombées. Automne.

A. ROTULA. Scop. 2, p. 1569. Duby, 830, n° 230. Chev. 175, n° 149. Fries. Syst. Mycol. 1, p. 136. Sowerb. p. 93. Pers. Synop. p. 467. DC. Fl. fr. n° 419. Bull. t. 64. Hab. plus spécialement sur les feuilles de lierre, à la Houssinière. Novembre.

A. CHRYSOLEUCUS. Fries. obs. 1, p. 77. Syst. Mycol. 1, p. 167. Duby, 833. Chev. 187, n° 185. A. Mollis. Bull. t. 38. DC. Fl. fr. n° 454. Hab. sur les bois pourris, aux Dervallières. Novembre. MM.

C. Chapeau glâbre gris.

A. ANDROSACEUS. Linnée Succ. 1193, non Pers. Duby, 829, n° 229. Chev. 176, n° 150. Fries.

Syst. Mycol. 1, p. 137. Bolt. t. 32. Fl. dan. t. 1551. A. Epiphyllus. Bull. t. 569. DC. Fl. fr. nº 434. Hab. dans les bois, sur les branches et les feuilles mortes. Automne.

A. ERICETORUM. Bull. t. 551, f. 1. Chev. 157, nº 99. A. Pratensis β Ericosus. Fries. Syst. Mycol. 1, p. 100. Hab. dans les bruyères, forêt de Toufou. Novembre.

A. VULGARIS. Desvaux, non alior. Auct. Hab. à la Houssinière, dans les mousses. Octobre.

A. CIMICARIUS. Desvaux. Var. α du Camphoratus. Chev. 146, nº 66. Hab. aux Dervallières, près du Camphoratus, dont il paraît n'être qu'une variété. Octobre. M.

A. CINERASCENS. Bull. t. 428, f. 2. Duby, 844, nº 357. Chev. 138, nº 41. A. Decastes. Fries. Syst. Mycol. 1, p. 42. DC. Fl. fr. nº 503. Hab. à la Dennerie, au Plessis-Tison. Octobre. M.

A. METACHROUS. Fries. Syst. Mycol. 1, p. 172. Duby, 833, nº 256. Chev. 189, nº 190. A. Cyathiformis. Bull. t. 248, A. A. Dicolor. Pers. Synop. p. 462. Hab. les bois de sapin de la Quarterie et des Dervallières, sur un mur. Septembre, décembre. D.

D. *Chapeau brun-nòir.*

A. NIGRELLUS. Desvaux. A. Atratus. Fries. Syst. Myc. Hab. aux Dervallières, à la Houssinière. Octobre. M.

A. CYATHIFORMIS. Bull. t. 575, 568, f. 1.

Duby, 833, n° 258. Chev. 188, n° 189. DC. Fl. fr. n° 455. Fries. Syst. Mycol. 1, p. 173. Sowerb. t. 363. A. Tardus. Pers. Synop. p. 461. Vaill. t. 14. A. Sordidus. Dicks. t. 3, f. 1. Hab. la prairie avant le bois, aux Dervallières. Automne et printemps.

E. Chapeau blanc.

A. FRAGRANS. Sowerb. t. 10. Duby, 833, n° 255. Chev. 189, n° 191. Pers. Synop. 455. Fries. Syst. Mycol. 1, p. 94. Letel. 658. A. Gratus. Schum. p. 277. Hab. dans les bois de sapin de la Quarterie. Automne. D.

A. CERVINUS. Hoffm. p. 119, t. 2, f. 2. Duby, 833, n° 263. Chev. 151, n° 81. Fries. Syst. Myc. 1, p. 82. Pers. Synop. p. 451. Nees. Syst. f. 174. Hab. dans les bois de la Barberie. Automne.

A. CINEREUS. Pers. Synop. p. 81. A. Cyathiformis. Bull. t. 248. Hab. le bois des Dervallières. Automne. M.

F. Chapeau jaune et lisse.

A. GILVUS. Pers. Synop. 448. Fl. dan. t. 1606. Fries. Syst. Mycol. 1, p. 81. Grev. Crypt. Fl. t. 41. Letel. t. 670. A. Pilcolarius. Sowerb. t. 61. A. Geotrupus. Bull. t. 573, et non 400, qui est le Nebularis de Batsch. fig. 193. A. Cinamomeus. Bolt. t. 22. Hab. à la Houssinière et sur de la râpe de vendauge, chemin de l'Ebaupin. Automne. D.

A. FIBULA. Bull. t. 186 et 550. F. Chev. 186, nº 182. Sowerb. t. 45. Pers. Synop. p. 471. DC. Fl. fr. nº 450. Hab. parmi la mousse, à la Houssinière, aux Dervallières. Septembre et octobre.

G. Chapeau lisse rougeâtre.

A. PIXIDATUS. Bull. t. 568, f. 2. Duby, 832, nº 248. Chev. 186, nº 183. DC. Fl. fr. nº 457. Nees. Syst. f. 192. Pers. Synop. p. 171. Fries. Syst. Mycol. 1, p. 164. A. Subhepaticus Batsch. Hab. dans les bois de Clermont et la forêt de la Guerre, près Ancenis. Novembre.

A. FIMBRIATUS. Bolt. t. 61. Duby, 832, nº 254. Chev. 156, nº 95. Fries. Syst. Mycol. 1, p. 94. Pers. Synop. p. 466. Auricula leporis alba Sterb. t. 15. BB. Hab. dans les bois, sur les branches mortes. Automne.

A. COCHLEATUS. Pers. Synop. 450. Duby, 825, nº 190. Chev. 190, nº 193. Fries. Syst. Mycol. 1, p. 177. A. Confluens. Sowerb. t. 168. Hab. sur les troncs d'arbres morts.

Facile à reconnaître à l'odeur d'anis qu'il exhale.

§§ SPORES ROUGES OU BRUNS ROUGEATRES.

I. PIED A VOILE.

* *Une volve.*

A. SPECIOSUS. Fries. Syst. Mycol. A. Gloiocephalus. Letel. 645. Spreng. 444. Duby, 808, nº 64. Hab. forêt du Gâvre. Automne. M.

A. **volvaceus**. Bull. t. 262. Duby, 808, n° 65. Chev. 221, n° 278. Sowerb. t. 1. DC. Fl. fr. n° 567. Letel. t. 623. Hab. à la Dennerie. Octobre. MM.

A. **bombycinus**. Schœff. t. 98. Fries. Syst. Mycol. 1, p. 277. Duby, 808, n° 66. A. Incarnatus. Batsch. Pers. Hab. sur les troncs d'arbres à la Lombarderie. Octobre.

A. **pusillus**. DC. Fl. fr. n° 566. Duby, 808, n° 63. Chev. 222. n° 279. Pers. Synop. p. 249. Fries. Syst. Mycol. 1, p. 279. A. Volvaceus minor. Bull. t. 330. Hab. dans les bois et les jardins exposés au soleil. Jardin de M. Oudet, à Barbin. Automne.

** ANNEAU AU PIED.

A. *Chapeau lisse.*

A. **sphaleromorphus**. Bull. t. 540. f. 1. Duby, 807, n° 54. Chev. 223, n° 284. DC. Fl. fr. n° 415. Pers. Synop. 266. Hab. sur la terre, à Rezé. Eté.

A. **cretaceus**. Bull. t. 374. Duby, 808, n° 62. Chev. 222, n° 280. Fries. Syst. Myc. 1, p 280. Vaill. p. 75. Hab. Je l'ai recueilli très-beau et très-bon dans la serre de M. Boisteaux, et à Orvault, sur du terreau. Août, septembre. BB.

A. **coronilla**. Bull. t. 597, f. 1. Duby, 808, n° 60. Chev. 223, n° 282. DC. Fl. fr.

n° 544. Fries. Syst. Mycol. 1, p. 282. Hab. dans les bois de l'Ebaupin.

A. HAEMATOSPERMUS. Bull. t. 595, f. 1. Duby, 808, n° 59. Chev. 223, n° 283. Pers. Synop. p. 261. Fries. Syst. Mycol. 1, p. 282. Hab. sur la terre, dans le jardin, près du bois des Dervallières. Novembre.

A. PRAECOX. Desvaux. Pers. Synop. Letel. 608. Duby, 807, n° 58. Hab. le Plessis-Tison. Octobre.

A. TOGULARIS. Bull. t. 595, f. 2. Duby, 814, n° 106. Chev. 209, n° 246. Pers. Synop. p. 262. DC. Fl. fr. n° 555. Fries. Syst. Mycol. 1, p. 242. A. Præcox. Spreng. Hab. dans les bois du Portereau. Mars.

A. MELANOSPERMUS. Bull. t. 540, f. 2. Duby, 807, n° 56. Chev. 224, n° 285. Pers. Synop. p. 240. Fries. Syst. Mycol. 1, p. 82. Hab. dans les bois des Dervallières et de la Quarterie, sous les pins. Automne.

A. RADICOSUS. Bull. t. 160. Duby, 813, n° 105. Chev. 209, n° 247. Pers. Synop. p. 266. DC. Fl. fr. n° 550. Fries. Syst. Mycol. 1, p. 242. Hab. à l'Ebaupin et à la Houssinière. Octobre et novembre. M.

A. MUTABILIS. Schœff. t. 9. Duby, 813, n° 98. Chev. 211, n° 252. A. Annularis. Bull. 543. O, P, R. Hab. sur le chemin du Portereau et à la porte du Bois-Branlard. Mai et novembre.

A. V. β xylophilus. Bull. 530, f. 2. Hab. chemin de Versailles, et, comme le type, MM.

B. Chapeau visqueux.

A. aeruginosus. Curt. Lond. 2, p. 309. Duby, 807, n° 51. Sowerb. t. 264. Fl. dan. t. 1373. Pers. Synop. p. 419. Fries. Syst. Myc. 1, p. 286. A. Cyaneus. Bull. t. 170, 530. Chev. 226, n° 292. Bolt. t. 143. Hab. le parc des Dervallières, la forêt du Gâvre. Novembre, décembre. BB.

A. attenuatus. DC. Fl. fr. Suppl. n° 547. Duby, 813, n° 102. Letel. t. 632. Hab. sur le chemin de Saint-Sébastien, à Basse-Goulaine. Octobre. BB.

A. collinitus. Sowerb. t. 9. Duby, 818, n° 141. Pers. Synop. 281. A. Mucosus. Bull. t. 549. A, B, C et 596, f. 2. Chev. 212, n° 253. Fries. Syst. Mycol. 1, p. 248. Hab. Il est commun dans tous nos bois. Octobre. MM.

C. Chapeau écailleux.

A. campestris. Linn. 1641. Duby, 808, n° 61. Chev. 222, n° 281. Fl. dan. t. 704. Schœff. t. 33. Sowerb. t. 305. Bolt. t. 45. Nees. Syst. f. 195. Grev. Crypt. Fl. t. 161. Desmaz. n° 177. A. Edulis. Bull. t. 134, 514. DC. Fl. fr. n° 418. Mich. t. 75, f. 1, 3. Lob. Iconog. p. 271. Hab. commun dans les champs, les pâtures. BB.

Il en existe une variété fortement anisée, qui

vient abondamment dans les bois de la Quarterie. BB.

A. squamosus. Pers. Synop. 409. Duby, 807, n° 54. Chev. 215, n° 288. Fries. Syst. Mycol. 1, p. 284. M. Hab. sur les feuilles pourries, forêt du Gâvre. Octobre, novembre.

A. aureus. Mattusch. p. 331. Duby, 814, n° 108. Chev. 210, n° 249. Bull. t. 92. Sowerb. t. 77. Pers. Synop. p. 269. Fries. Syst. Mycol. 1, p. 241. Hab. dans les lieux humides et ombragés, à Orvault, forêt du Gâvre, et sur le bord du fossé du petit chemin de Versailles. MM.

A. pudicus. Bull. t. 597, f. 2. Duby, 814, n° 107. Chev. 210, n° 248. DC. Fl. fr. n° 554. A. caperatus. Fries. Syst. Mycol. 1, p. 241. Hab. dans des champs cultivés de Petit-Port, dans la forêt du Gâvre, etc. Septembre, novembre. D.

A. squarrosus. Fl. dan. t. 491. Duby, 813, n° 103. Chev. 211, n° 250. Fries. Syst. Mycol. 1, p. 241. A. Squamosus. Bull. t. 266. DC. Fl. fr. n° 542. Desmaz. n° 320. A. Floccosus. Schœff. t. 61. Curt. Lond. 1, t. 64. Grev. Crypt. Fl. t. 2. Hab. sur les troncs des arbres, à la Houssinière, forêt du Gâvre, etc. Automne. MM.

A. muricatus. Fries. Syst. Mycol. 1, p. 244. Duby, 813, n° 99. Chev. 211, n° 251. A. Luteus. Bolt. t. 50. Hab. sur le tronc des arbres, à la Pa-ouillière, au Plessis-Tison. Octobre, novembre. M.

***** VOILE FUGACE AU BORD DU CHAPEAU.**

A. Chapeau lisse blanc ou pâle (1).

A. CERNUUS? Vahl. Fl. dan. Desvaux. Hab. Saint-Sébastien. Desv.

A. Chapeau jaune ocracé.

A. UDUS. Pers. Synop. 414. Fries. Syst. Myc. 1, p. 292. Duby, 806, n° 43. Chev. 229, n° 302. A. Obscurus. Schum. p. 279. Hab. dans les bois humides de la Guerre, près Ancenis.

A. MERDARIUS. Fries. Syst. Mycol. 1, p. 291. Duby, 806, n° 46. Chev. 228, n° 296. Buxb. 4, t. 15. Hab. sur les fumiers.
Recueilli, d'après les renseignements de M. Thomas, chemin des Dervallières. Octobre.

A. Chapeau jaune ou jaunâtre.

A. CALLOSUS. Fries. Syst. Mycol. 1, p. 292. Duby, 806, n° 42. Chev. 227, n° 295. A. Semi-globatus. Sowerb. t. 240, f. 1, 3. A. Varius. Bolton, t. 66. Pers. Synop. 414. Buxb. cent. 4, t. 15. Hab. sur le chemin de Rezé. Août, novembre.

A. REPANDUS. Bull. t. 423, f. 2. Duby, 814, n° 109. Chev. 214, n° 258. Fries. Mycol. 1, p. 255.

---

(1) Les A répétés signifient chapeau lisse.

DC. Fl. fr. n° 516. Hab. au pont du Cens ; trouvé une seule fois. Desvaux.

A. LIGNATILIS. Pers. Synop. 368. Duby, 838, n° 306. Chev. 156, n° 96. Bull. t. 554, f. 1. Spreng. 448. A. Flavidus. Schœff. Hab. à l'entrée de la première avenue des Folies-Chaillou, sur la terre ; à la Poignardière, sur des pins ; le chemin de Versailles. Automne.

A. FASCICULARIS. Bolt. t. 29. Duby, 806, n° 49. Chev. 225, n° 290. Sowerb. t. 285. Nees. Syst. f. 198. Desmaz. n° 178. Fries. Syst. Mycol. 1, p. 288. Pers. Synop. p. 421. A. Pulverulentus. Bull. t. 178. DC. Fl. fr. n° 411. Hab. sur les vieilles souches d'arbres ; commun partout. Mai, novembre. MM.

A. LATERITIUS. Schœff. t. 49, f. 5, 6. Duby, 806, n° 49. Chev. 2 5, n° 290. Pers. Synop. p. 421. Fries. Syst. Mycol. 1, p. 288. A. Auratus. Fl. dan. t. 820. A. Amarus. Bull. t. 30, 562. DC. Fl. fr. n° 412. Hab. sur les troncs pourris des arbres, à la Houssinière, aux Dervallières. Automne. M.

A. HYBRÏDUS. Bull. t. 398 et 562. E, H. Duby, 806, n° 47. Chev. 226, n° 291. DC. Fl. fr. n° 540. A. Capnoïdes. Fries. A. Aureus. Spr. Bull. t. 92. Hab. sur les vieilles souches, Orvault, forêt du Gâvre. Automne et printemps.

A. GRACILIS. Fries. Syst. Mycol. 1, p. 299. Pers. Synops. p. 425. Chev. 229, n° 300. A. Tentaculum. Sowerb. t. 385, f. 1. Hab. sur les feuilles mortes.

A. CAMPANULATUS. Bull. t. 552 , f. 1. Duby, 805, n° 39. Chev. 224, n° 287. DC. Fl. fr. n° 408. Pers. Synop. p. 426. Fries. Syst. Mycol. 1, p. 295. Hab. sur la terre, aux Dervallières. Septembre, octobre.

A. ERICAEUS. Pers. Synop. 413. Duby, 806, n° 44. Chev. 227, n° 294. Fries. Syst. Mycol. 1, p. 290. A. Helvolus. Schœff. t. 210. A. Nitidus. Pers. Hab. les bois humides, forêt du Gâvre. Octobre.

A. VENTRICOSUS. Bull. t. 411, f. 1. Duby, 805, n° 40. Chev. 230, n° 305. Fries. Syst. Mycol. 1, p. 294. DC. Fl. fr. n° 424. Spreng. 449. Hab. en groupes sur la terre, au Portereau.

A. FUMOSUS. Pers. Synop. 348. Duby, 839, n° 311. Chev. 154, n° 90. Fries. Syst. Mycol. 1, p. 89. Letel. 669. Hab. dans les gazons, à la Houssinière. Octobre. M.

A. *Chapeau roussâtre.*

A. PHYSALOÏDES. Bull. t. 566. Duby, 810, n° 81. DC. Fl. fr. n° 432. Hab. dans les bois de la Jaunaie. Octobre.

A. COPROPHILUS. Bull. t. 566, f. 3. Duby, 805, n° 35. Chev. 230, n° 304. Pers. Synop. p. 412. DC. Fl. fr. n° 401. Fries. Syst. Mycol. p. 297. Hab. sur le fumier, à Orvault. Octobre.

A. BULLACEUS. Bull. t. 566, f. 2. Duby, 805, n° 34. Chev. 229, n° 301. Fries. Syst. Mycol. 1, p. 297. DC. Fl. fr. n° 402. Hab. sur le fumier, par groupes, mais les pieds distincts, chemin de l'Ebaupin.

A. PELLOSPERMUS. Bull. t. 561, f. 1. Duby, 804, n° 33. DC. Fl. fr. n° 409. A. Corrugis. Chev. 228, n° 299. Pers. Synop. p. 424. Fries. Hab. sur les feuilles mortes, aux Dervallières. Automne.

B. *Chapeau visqueux*.

A. CARBONARIUS. Fries. observ. 2, p. 33. Syst. Mycol. 1, p. 252. Duby, 812, n° 91. Chev. 213, n° 256. Hab. la forêt du Gâvre. Mai. Automne.

A. LENTUS. Pers. Synop. 287. Duby, 812, n° 93. Chev. 214, n° 257. Fries. Syst. Mycol. 1, p. 253. Hab. sur les branches mortes tombées sur la terre. Automne.

C. *Chapeau velu ou écailleux*.

A. ARGILLACEUS. Pers. Synop. Spr. 450. A. Inodorus. Bull. t. 524. A. Albus. Schum. Hab. sur la terre, au Plessis-Tison, à Thouaré. Octobre.

A. GEOPHILUS. Bull. t. 522, f. 2. Duby, 814, n° 113. Chev. 216, n° 263. DC. Fl. fr. n° 524. Hab. dans tous nos bois pendant toute l'année.

A. PETIGINOSUS. Fries. Syst. Mycol. 1, p. 259. Chev. 216, n° 264. A. Rufipes. Pers. Iconog. Pict. t. 1, f. 5. Duby, 815, n° 114. Hab. les Dervallières, le Plessis-Tison, la Houssinière. Août et septembre.

A. LANUGINOSUS. Bull. t. 370. Duby, 814, n° 111. Chev. 215, n° 260. DC. Fl. fr. n° 538.

Fries. Syst. Mycol. 1 , p. 257. Vaill. t. 13 , f. 4, 6. Hab. dans l'herbe et la mousse , à la Quarterie, au bord du bois de sapin. Août, octobre.

A. RIMOSUS. Bull. t. 588, 599. Duby , 814 , n° 112. Chev. 215 , n° 262. DC. Fl. fr. n° 517. Grev. Crypt. Fl. t. 128. A. Aurivenius. Batsch. Hab. à la Quarterie , aux Dervallières. Octobre. D.

A. LACRYMABUNDUS. Bull. t. 525 , f. 3. Duby, 806 , n° 50. Chev. 226, n° 293. Sowerb. t. 41. DC. Fl. fr. n° 385. Fries. Syst. Mycol. 1 , p. 287. A. Velutinus. Pers. Synop. p. 409. Hab. aux Dervallières , auxSongères , à la Dennerie, etc. Août et novembre. M.

A. FIBRILLOSUS. Pers. Synop. 424. Duby , 805 , n° 36. Chev. 228, n° 298. Fries. Syst. Mycol. 1 , p. 297. Hab. sur les feuilles mortes. Octobre.

A. PYRIODORUS. Pers. Synop. p. 300. Duby, 814 , n° 110. Chev. 214 , n° 259. Fries. Syst. Mycol. 1 , p. 255. A. Furfuraceus. Bull. 532, f. 1. DC. Fl. fr. n° 511. A. Pytirodes. Spreng. p. 451. Hab. sur le bord des fossés , route de Machecoul et avenue des Dervallières. Octobre, mars. MM.

✱✱✱✱ VOILE NUL.

A. Chapeau lisse blanchâtre.

A. PRUNULUS. Pers. Synop. 457. Duby, 822, n° 166. Chev. 195 , n° 209. Cœsalpin. p. 617.

A. Albellus. Schœff. t. 78. DC. Fl. fr. n° 470. Fries. Syst. Mycol. 1, p. 193. A. Mousseron Tournef. p. 557. Bull. t. 142. A. Pallidus. Sower. t. 143. Hab. trouvé une seule fois, à la Jaunaie, par M. Delamarre.

A. UNDULATUS. Bull. t. 535, f. 2. Duby, 810, n° 77. Chev. 219, n° 272. A. Hirneolus. Fries. Syst. Mycol. 1, p. 270. Hab. dans les bois de Petit-Port. Octobre.

A. PHONOSPERMUS. Bull. t. 534, 547, f. 1, 590. Duby, 821, n° 162. Chev. 196, n° 211. DC. Fl. fr. n° 502. A. Fertilis. Pers. Synop. p. 328. Fries. Syst. Mycol. 1, p. 197. Buxb. cent. 4, f. 6. Hab. dans les bois des Dervallières et de la Houssinière. Octobre, novembre. M.

A. ORCELLUS. Bull. t. 553 ? 573 ! et 591 ! Duby, 825, n° 188. Chev. 190, n° 195. Pers. Synop. p. 473. DC. Fl. fr. n° 367. Fries. Syst. Mycol. 180. Hab. à la Quarterie, sous les bois de sapin.

Je n'ai trouvé ce beau champignon que dans cette localité, en octobre. MM.

A. Chapeau cendré.

A. ARDOSIACEUS. Bull. t. 348. Duby, 821, n° 160. Chev. 197, n° 213. Pers. Synop. 466. DC. Fl. fr. n° 446. Hab. les prés humides de Petit-Port. Automne. D.

A. Chapeau livide brun ou brunâtre.

A. HORTENSIS. Pers. Synop. 362. Duby, 822,

nº 165. Chev. 196, nº 210. Fries. Syst. Mycol. 1, p. 195. Hab. dans les bois et les jardins. Eté, automne.

A. **pluteus**. Batsch. 1, f. 76. Duby, 821, nº 158. Chev. 197, n 215. Pers. Icon. et Desc. p. 8. Fries. Syst. Mycol. 1, p. 199. A. Cervinus. Schœff. t. 10. A. Lividus. Bull. t. 382. DC. Fl. fr. nº 507. A. Latus. Bolt. t. 2. Sowerb. t. 108. Buxb. cent. 4, t. 5, f. 2. Hab. à la Houssinière. Mai, novembre. D.

A. **sericeus**. Bull. t. 413, f. 2. Duby, 820, nº 150. DC. Fl. fr. nº 510. A. Pascuus. Pers. Synop. p. 427. A. Pyramidatus. Schœff. t. 229. A. Fissus. Bolt. t. 35. Hab. dans la forêt du Gâvre, le parc des Dervallières. Octobre. M.

A. **politus**. Pers. Synop. 465. Duby, 821, nº 155. Chev. 200, nº 223. Fries. Syst. Mycol. 1, p. 209. Hab. à la Houssinière. Août, octobre. M.

A. **hydrogrammus**. Bull. t. 564, f. A. Duby, 833, nº 261. Chev. 188, nº 188. Fries. Syst. Mycol. 1, p. 169. Hab. la Houssinière. Automne. D.

A. Chapeau ocracé ou jaune.

A. **arvalis**. Fries. Syst. Mycol. Letell. 675. Hab. à l'entrée du bois de la Houssinière. Octobre.

A. **pygmoeus**. Bull. t. 525, f. 2. Duby, 811, nº 83. Chev. 217, nº 267. DC. Fl. fr. nº 442. Fries. Syst. Myc. Habite sur les branches mortes. Automne.

A. **tener**. Schœff. t. 70. Sowerb. t. 33. Duby, 810, n° 82. Chev. 218, n° 268. Pers. Synop. p. 386. Fries. Syst. Mycol. 1, p. 265. A. Foraminulosus. Bull. t. 535, f. 1, 403. F, B, C. Hab. dans les pacages, vallée de Petit-Port. Automne.

A. **melinoïdes**. Bull. t. 560, f. 1. Duby, 810, n° 80. Chev. 218, n° 269. Pers. Synop. p. 387. DC. Fl. fr. n° 430. Fries. Syst. Myc. 1, p. 266. Hab. dans les prés, parmis les mousses. Automne.

A. **hypnorum**. Schranck. Fl. bavar. 2, p. 605. Duby, 810, n° 79. Chev. 218, n° 270. Batsch. f. 96. Pers. Synop. p. 385. Fries. Syst. Mycol. 1, p. 267. Mich. Gen. t. 80, f. 8. A. Campanulatus. Schœff. t. 63. A. Plicatus. Fl. dan. t. 1009. Hab. dans les mousses, à la Verrière ; dans les sphagnes, à Petit-Port ; dans les Bryums, etc.
Il varie suivant ses stations. Été.

A. **pleopodius**. Bull. t. 566, f. 2. Duby, 820, n° 149. Chev. 200, n° 222. DC. Fl. fr. n° 523. Syst. Mycol. 1, p. 207. Hab. forêt du Gâvre. Octob. D.

A. **cupularis**. Bull. t. 554, f. 2. Duby, 810, n° 78. Chev. 219, n° 271. Pers. Synop. p. 454. DC. Fl. fr. n° 444. Fries. Syst. Myc. 1, p. 269. Hab. les Dervallières, la Houssinière. Automne et printemps.

A. **sinuatus**. Bull. t. 579, f. 1. Duby, 821, n° 161. Chev. 196, n° 212. DC. Fl. fr. n° 487. Pers. Synop. p. 329. Fries. Syst. Mycol. 1, p.

197. Hab. avenue des Dervallières et aux Songères. Au printemps et à l'automne. MM.

A. LEONINUS. Schœff. t. 48. Duby, 821,
n° 159. Chev. 197, n° 214. Pers. Icon. pict.
t. 7, f. 3, 4. A. A. Pyrrospermus. Bull. 4,
547, f. 3. DC. Fl. fr. n° 518. Hab. sur les
troncs d'arbres morts. Été, automne.

A. CAPNIOCEPLEALUS. Desvaux. Bull. 557,
f. 2. Hab. dans les bois de l'Ébaupin.

B. Chapeau rougeâtre.

A. CONSPERSUS. Pers. Icon. et descrip. p.
50, t. 12, f. 3. Fries. Syst. Mycol. 1, p. 260.
Hab. sur les Sphagnum, à la Verrière. Été.

A. SALICINUS. Pers. Icon. Pict. 9. Synop.
344. Duby, 820, n° 153. Chev. 198, n° 217.
Fries. Syst. Myc. p. 202. Hab. sur les troncs
de saule. Ancenis. Septembre.

A. INVOLUTUS. Batsch. f. 61. Duby, 809, n°
75. Chev. 220, n° 270. Pers. Synop. p. 448.
A. Contiguus. Bull. t. 240 et 576, f. 2. Sow.
t. 98. Hab. au Plessis-Tison et à Petit-Port.
Automne. MM.

A. VINOSUS. Bull. t. 54. Duby, 835, n° 280.
DC. Fl. fr. n° 46. Hab. Il croît en automne,
dans les bois sablonneux.
Trouvé une seule fois dans la forêt de Touvois.

G. Chapeau blanc écailleux.

A. GNAPHALIOCEPHALUS. Bull. t. 576, f. 1.

Chev. 220, n° 273. A. Strigiceps. Fries. Syst. Mycol. 1, p. 290. Hab. sous les sapins du bois de la Dennerie. Automne.

A. RECLINIS. Desvaux.

Ce joli petit Agaric à chapeau blanc, sec, écailleux, à bord jaune, réfléchi, la partie inférieure du pied velu, n'a été trouvé qu'une seule fois, par M. Desvaux et moi, dans les bois de sapin de la Quarterie. Septembre 1842. Cet Agaric n'a été décrit ni figuré par aucun auteur.

Le frangé de Bulliard n° 563, non décrit, se trouve dans la même localité.

D. Chapeau bleuâtre ou violacé.

A. CHALYBOEUS. Pers. Synop. p. 343. Icon. Piot. 4, f. 3, 4. Chev. 198, n° 218. Fries. Syst. Mycol. 1, p. 203. A. Columbarius. Sowerb. t. 161. A. Glaucus. Bull. t. 521, fig. 1. DC. Fl. fr. n° 480. Hab. à l'entrée de la forêt de Toufou. Septembre.

A. GRISEO-CYANEUS. Fries. Syst. Mycol. 1, p. 202. Duby, 820, n° 154. Chev. 198, n° 216. A. Purpureus. Bolt. t. 41. B. A. Globosus. Schum. p. 296. A. Atro-Cyaneus. Pers. Synop. p. 202 Hab. dans les bois de l'Ebaupin. Octobre.

E. Chapeau gris ou brunâtre.

A. SIDEROÏDES. Bull. t. 588. Duby, 816, n° 122. DC. Fl. fr. suppl. n° 422. A. Acutus.

Pers. Hab. Il croît très-abondamment aux Der-vallière. Octobre.

A. COLUMBARIUS. Bull. t. 413. Duby, 820, nº 151. DC. Fl. fr. nº 512. A. Serrulatus. Chev. 199, nº 219. A. Cyanipes. Fl. dan. t. 1071. Hab. la forêt du Gâvre, Petit-Port. Septembre.

§§§ SPORES JAUNES.

I. PIEDS ANNELÉS.

A. TORVUS. Fries. Syst. Mycol. 1, p. 211. Chev. 201, nº 224. A. Umbrinus. Duby, 819, nº 148. Pers. Synop. p. 280. A. Araneosus. Bull. t. 600. Hab. au Bois-Branlard. Novembre. M.

A. HYBRIDUS. Bull. t. 368 et 562. E, H. Duby, 806, nº 47. Chev. 226, nº 291. A. Capnoïdes. Fries. Hab. la Houssinière, les Dervallièreset le petit chemin ombragé de Versailles. Automne. M.

A. AIMATOCHELIS. Bull. t. 527, 596, f. 1. Duby, 201, nº 145. Chev. 201, nº 225. A. Armillatus. Fries. Syst. Mycol. 1, p. 214. Hab. les bois de la Houssinière. Octobre. MM.

II. ARANÉEUX.

** Chapeau glâbre.*

A. Pâle ou testacé.

A. BIVELUS. Fries. obs. 2, p. 58. Syst.

[M]ycol. 1, p. 215. Duby, 819, n° 143. Chev.
[2]02, n° 226. A. Araneosus. Bull. t. 598, f. 2.
[. H]ab. forêt du Gâvre, avenue des Dervalliè-
[r]es. Octobre et septembre. MM.

A. URENS. Bull. t. 528, f. 1. Duby, 816, n°
[1]23. Chev. 207, n° 240. Pers. Synop. p. 333.
[F]ries. Syst. Mycol. 1, p. 232. DC. Fl. fr.
[n]° 495. Hab. le Plessis-Tison, l'avenue des Der-
[v]allières, sur des feuilles pourries. Octobre. M.

A. LEUCOPODIUS. Bull. t. 533, f. 2. Duby,
[8]15, n° 117. DC. Fl. fr. n° 522. A. Leucopus.
[C]hev. 208, n° 244. Hab. les bois de la Dennerie.
[A]utomne. M.

A. GYMNOPODIUS. Bull. t. 601. Hab. à la
[M]oussinière et dans une prairie des Dervallières.
[O]ctobre. M.

B. Chapeau brun ferrugineux.

A. CASTANEUS. Bull. t. 268 et 537, f. 2.
[D]uby, 815, n° 118. Chev. 208, n° 243. DC.
[F]l. fr. n° 536. Hab. les bois de la Dennerie.
[O]ctobre. M.

A. LAMPROCEPHALUS. Bull. t. 544. Duby, 816,
[n]° 120. DC. Fl. fr. n° 537. A. Lucidus. Chev.
[2]08, n° 242. Pers. Hab. la grande avenue des
[D]ervallières. Automne. MM.

A. ARMENIACUS. Schœff. t. 81. Duby, 816,
[n]° 121. Chev. 207, n° 241. Pers. Synop. 299.
[A]. Helveolus. Bull. t. 531. DC. Fl. fr. n° 547.
[H]ab. à la Dennerie, chemins des Folies-Chail-
[l]ou. Eté et automne.

A. HYDROPHILUS. Bull. t. 511. Duby, 805, n°
38. DC. Fl. fr. n° 541. A. Concinnus. Bolt. t.
15. A. Stipatus. Pers. Fl. dan. t. 1673. Fries.
A. Spadiceus et Spadiceo-Griseus. Schœff.
Hab. abondamment dans nos bois, Saint-Aignan.
Juillet, novembre. D.

A. BULLIARDI. Pers. obs. 2, p. 43. Synop.
289. Duby, 818, n° 135. Chev. 204, n° 232. A.
Araneosus cinnabarinus. Bull. t. 431, fig. 3.
Hab. à l'Ebaupin, aux Dervallières, etc. Automne. M.

A. EUMORPHUS. Pers. Synop. 342, Duby, 817,
n° 134. A. Proteus. Chev. 203, n° 231. A. Ano-
malus. A. Proteus. Fries. Syst. Mycol. 1, p.
220. A. Araneosus. helveolus. Bull. t. 431,
f. 5. Hab. avenue des Dervallières. Automne. M.

C. Chapeau roux.

A. DECIPIENS. Pers. Synop. Fries. Syst.
Mycol. Letel. 694. Hab. la forêt du Gâvre, la
Dennerie, la Patouillière. Septembre, octobre.

** Chapeau visqueux.

A. CRUSTILLINIFORMIS. Bull. 308, 546. Duby,
812, n° 96. Chev. 212, n° 254. DC. Fl. fr. 514.
Ag. Fastibilis. Pers. Fries. A. Gilvus. Schœff.
t. 221. Hab. dans l'avenue des Dervallières, à
l'Ebaupin, etc. Automne. MM.

A. CALLOCHROUS. Pers. Synop. 282. Duby,
819, n° 137. Chev. 204, n° 233. Fries. Syst.

Mycol. p. 224. Spreng. 460. Letel. 651. Hab. dans les bois et les prés. Automne. M.

A. GLAUCOPUS. Schœff. t. 53. Duby, 818, n° 138. Chev. 205, n° 234. Sowerb. t. 223. A. Araneosus. β Crassipes. Bull. t. 96. Hab. l'avenue des Dervallières. Automne. M.

A. VARIUS. Schœff. t. 42. Duby, 818, n° 139. Chev. 205, n° 235. A. Turbinatus. Sow. t. 102. A. Pachypus. Holmsk. t. 39. Hab. dans les bois, à l'Ebaupin. Automne. M.

A. TURBINATUS. Bull. t. 110, non Sow. Fries. Syst. Mycol. p. 225. Duby, 818, n° 140. Chev. 205, n° 236. DC. Fl. fr. n° 530. Hab. dans le bois de la Houssinière. Automne. M.

*** *Chapeau écailleux ou poilu.*

A. *Chapeau olive.*

A. RAPHAONIDES. Pers. Synop. 324. Duby, 816, n° 127. Fries. Syst. Mycol. 1, p. 230. Mich. t. 75, f. 2. Hab. à la Houssinière. Novembre. M.

B. *Chapeau brun.*

A. PSAMMOCEPHALUS. Bull. t. 586, f. 1, 531, f. 2. Duby, 817, n° 133. DC. Fl. fr. n° 529. A. Arenatus. Pers. Synop. 293. A. Lepidomices. Alb. et Schw. t. 12, f. 1. A. Pholideus. Fries. Hab. la forêt du Gâvre, à la Houssinière. Octobre, novembre. MM.

C. Chapeau violâtre ou rougeâtre.

A. VIOLACEUS. Linn. Suec. 448. Duby, 817, nº 129. Chev. 202, nº 227. Fries. Syst. Mycol. p. 217. A. Araneosus violaceus. Bull. t. 250, 598, f. 2. A. DC. Fl. fr. nº 534. Hab. Il est très-commun, de même que toutes ses variétés indiquées par DC., dans l'avenue des Dervallières. Automne. MM.

Quand ce champignon est bien développé et qu'il n'a plus son voile, il ressemble beaucoup au Nudus. Cette erreur pourrait avoir les plus graves conséquences, car le premier est très-vénéneux et le dernier est très-bon.

A. VIOLACEO-CINEREUS. Pers. Synop. 279. Duby, 817, nº 130. Chev. 202, nº 228. Fries. Syst. Mycol. p. 217. A. Violaceus. Schœff. t. 3. Hab. à la Houssinière, à la Barberie. Automne. M.

A. ALBOVIOLACEUS. Pers. Synop. 286. Duby, 817, nº 132. Chev. 203, nº 229. Fries. Syst. Mycol. p. 218. Hab. dans les taillis de l'Ebaupin et de la Houssinière. Automne. D.

A. PURPUREUS. Bull. t. 598, f. 1. Duby, 817, nº 128. DC. Fl. fr. nº 533. A. Phœniceus. Chev. 206, nº 237. Hab. dans les bois de la Dennerie. Automne.

A. CINNAMONEUS. Linn. Suec. 1205. Duby, 816, nº 126. Chev. 206, nº 238. Fries. Syst. Mycol. 2, p. 229. Bolt. t. 150. Sowerb. t. 205. Letel. 618, 652. A. Croceus. Schœff. t. 3. A. Squamulosus. Batsch. f. 117. A. Ileopedius. Bull. t. 586. Michel. t. 75, f. 4. Hab. aux Dervallières, à la Houssinière. Juin et décembre. M.

A. ILEOPODIUS. Bull. t. 572, 592. Duby, 816, n° 124. Chev. 207, n° 239. DC. Fl. fr. n° 531. A. Dulcamarus et Cervicolor. Pers. Synop. 324, 325. Hab. avenue aride du château de Clermont. Novembre.

III. VOILE NUL.

A. EPHEBEUS. Fries. obs. 2, p. 187. Syst. Mycol. 1, p. 238. Duby, 815, n° 115. Chev. 209, n° 245. A. Villosus. Bull. t. 214. DC. Fl. fr. n° 509. Hab. sur les branches tombées et pourries, à la Houssinière.

A. CRYSANTERUS. Bull. t. 556, f. 1. Duby, 331, n° 246. Chev. 170, n° 132. Pers. Synop. . 321. DC. Fl. fr. n° 491. Fries. Syst. Myc. 126. Hab. sur le bois et les feuilles mortes. Ocobre. M.

§§§ SPORES NOIRS.

I. SPORIDIES FUSIFORMES.

A. GLUTINOSUS. Bull. t. 258, 539, 587, f. 1. Duby, 846, n° 374. DC. Fl. fr. n° 528. A. Albo brunneus. Pers. Synop. 293. Chev. 133, n° 26. A. Striatus. Schœff. t. 38. Viscosus. Letel. 647. Hab. dans tous nos bois, où il est commun. MM. Hiver.

II. SPORIDIES QUATERNÉES.

Lames noires, jamais déliquescentes.

A. *Anneau ou voile.*

A. SEMIGLOBATUS. Batsch. f. 110. Duby, 807, n° 55. Sowerb. t. 248. Pers. A. Glutinosus. Curt. t. 144. A. Nitens. Bull. t. 566, non t. 84. Hab. sur les matières en putréfaction, à la Houssinière et sur ma fenêtre, dans du terreau. Mai, novembre.

A. SEPARATUS. Linn. Suec. 1220. Duby, 804, n° 31. A. Nitens. Bull. t. 84. DC. Fl. fr. n° 545. Chev. 231, n° 307. Semiovatus. Sow. t. 131. Fries. Syst. Mycol. 1, p. 300. A. Ciliaris. Bolton, t. 53. Hab. sur le fumier de vaches, dans les prairies, à Ancenis.

A. VITELLINUS. Pers. Synop. 402. Duby, 803, n° 24. Chev. 233, n° 313. Fries. Syst. Mycol. 1, p. 303. Hab. sur le fumier de cheval. Printemps.

B. *Sans voile ; membraneux..*

A. STERCORARIUS. Fries. Syst. Mycol. p. 291. Duby, 806, n° 45. Chev. 230, n° 306. Hab. sur le fumier de vaches et sur le terreau.

A. PUBER. Chev. 238, n° 331. A. Stercorarius. Bull. t. 68 et t 542, f. 2. Hab. même localité que le précédent.

A. HYDROPHORUS. Bull. t. 558. Duby, 803, n° 20. Chev. 233, n° 317. DC. Fl. fr. n° 396.

Iab. les jardins et les prés. Printemps , automne.

A. STRIATUS. Bull. t. 552, f. 2. Duby, 803, n° 25. Chev. 232, n° 312. DC. Fl. fr. n° 404. Fries. Hab. dans les terrains cultivés. Printemps.

A. CONOCEPHALUS. Bull. t. 563. Duby, 803, n° 21. Chev. 233, n° 316. Fries. Syst. Mycol. , p. 304. DC. Fl. fr. n° 405. Hab. sur la terre, dans les endroits humides.

A. PAPYRACEUS. Pers. Synop. 425. Duby, 803, n° 19. DC. Fl. fr. n° 390. A. Subtilis. Chev. 232, n° 311. Hab. sur les troncs des vieux chênes. Automne.

A. PAPILIONACEUS. Bull. t. 58, 561, f. 2. Duby, 804, n° 29. Chev. 232, n° 309. Fries. Syst. Mycol. 1, p. 301. DC. Fl. fr. n° 400. Pers. Synop. p. 410. A. Varius. Icon. Pict. Pers. Hab. sur les feuilles et les bois pourris, dans le petit cabinet ruiné de la Houssinière.

A. FIMICOLA. Fries. Syst. Mycol. p. 301. Duby, 804, n° 28. Chev. 232, n° 310. Buxb. cent. 4, t. 25, f. 4. Hab. dans les pacages et les jardins.

A. DISSEMINATUS. Pers. Synop. 403. Duby, 803, n° 18. A. Tintinnabulum. Batsch. A. Minutulus. Schœff. t. 303. A. Striatus. Sowerb. t. 166. Hab. sur les troncs du saule et du peuplier, à Ancenis. Printemps et automne.

A. DIGITALIFORMIS. Bull. t. 22 et 525, f. 1. Duby, 803, n° 17. DC. Fl. fr. n° 393. A. Disse-

5*

minatus. Var: Pers. Fries. A. Congregatus. Bull. t. 94. Hab. sur les troncs morts du saule. Automne.

A. EPHEMEROÏDES. Bull. t. 582, . 1. Duby, 801, n° 3. Chev. 237, n° 328. DC. Fl. fr. n° 384. Hab. sur le fumier des bêtes de somme.

A. MOMENTANEUS. Bull. t. 128. Duby, 801, n° 2. Chev. 237, n° 329. A. Ephemerus. Duby. DC. Fl. fr. n° 394. A. Crenulatus. Fl. dan. 832, f. 2. Buxb. cent. 2, t. 50, f. 2. Mich. t. 75, f. 9. Hab. sur les fumiers, après les pluies chaudes.

** LAMES TRÈS-DÉLIQUESCENTES.

A. A voile.

A. COMATUS. Fl. dan. t. 834. Duby, 802, n° 16. Chev. 234, n° 319. Batt. t. 26. Fries. Syst. Mycol. p. 307. Pers. Synop. p. 395. A. Typhoïdes. Bull. t. 582. Hab. sur la terre de bruyères, à l'entrée du bois de la Houssinière.

A. STERQUILINUS. Fries. Syst. Mycol. p. 308. Duby, 802, n° 15. Mich. Gen. t. 80, f. 3. Spreng. Hab. sur les bouses de vaches, Ancenis. Automne.

B. Sans voile.

A. PELLOSPERMUS. Bull. t. 561, f. 1. Duby, 804, n° 33. DC. Fl. fr. n° 409. A. Corrugis. Chev. 228, n° 299. Pers. Synop. 424, ? Hab. dans les bois, sur les feuilles mortes.

A. CONGREGATUS. Bull. t. 94. Hab. Il vient en groupes au pied des arbres, à la Dennerie et près du kiosque de la Lombarderie.

A. PICACEUS. Bull. t. 206. Duby, 802, nᵒ 14. Chev. 235, uᵒ 320. Sowerb. t. 170. Pers. Synop. 397. DC. Fl. fr. nᵒ 386. Fries. Syst. Mycol. p. 308. Hab. dans l'avenue de la Houssinière. Novembre.

A. GOSSYPINUS. Bull. t. 425, f. 2. Duby, 801, nᵒ 8. Chev. 236, nᵒ 324. Pers. Synop. 402. DC. Fl. fr. nᵒ 392. Hab. sur les feuilles mortes des bois. Novembre.

A. ATRAMENTARIUS. Bull. t. 164. Duby, 802, nᵒ 13. Chev. 235. nᵒ 321. DC. Fl. fr. nᵒ 359. Fries. Syst. Mycol. p. 309. A. Luridus. Bolt. t. 54. A. Fimetarius. Sowerb. t. 188. A. Deliquescens. Fl. dan. t. 1370. A. Fugax. Schœff. t. 67, 68. Vaill. Bot. t. 12, f. 10, 11. Hab. sur les racines des arbres, dans les lieux humides.

A. DELIQUESCENS. Bull. 437 et 558. Duby, 802, nᵒ 12. Chev. 235, nᵒ 322. DC. Fl. fr. nᵒ 397. A. Bicolor. Fl. dan. t. 1070. A. Fuscescens. Schœff. t. 17. Hab. dans les prés et les jardins. Août, octobre.

A. MICACEUS. Bull. t. 246, 565. Duby, 801, nᵒ 10. Chev. 235, nᵒ 323. DC. Fl. fr. nᵒ 390. Fl. dan. 1193. Fries. Syst. Mycol. 1, p. 309. A. Lignorum. Schœff. t. 66. A. Ferrugineus. Pers. Synop. p. 400. Lob. Belg. 306. Hab. dans les bois, les prés et les jardins. Mai, novembre.

A. EXTINCTORIUS. Bull. t. 437. A. Digitellus. Batsch. f. 1. Fl. dan. t. 1371. Hab. mêmes lieux que le précédent.

D'après Chevalier, ce n'est que la var. γ du précédent.

A. CINEREUS. Bull. t. 88. Duby, 801, n° 6. Chev. 236, n° 325. Schœff. t. 100. Fl. dan. t. 1195. Pers. Synop. p. 398. DC. Fl. fr. n° 147. Fries. Syst. Mycol. 1, p. 310. Hab. sur les bouses de vaches, toute l'année.

A. TOMENTOSUS. Bull. t. 138. Chev. 237, n° 326. Mich. t. 73, f. 3. Bolt. t. 156. Hab. sur le terreau et sur les vieilles couches, dans les jardins. Septembre, octobre.

A. FIMIPUTRIS. Bull. t. 66. Duby, 804, n° 30. Chev. 231, n. 308. DC. Fl. fr. n° 399. A. Clypeatus. Bolt. t. 57. Hab. sur le fumier de cheval et de vache. Août, octobre.

A. NIVEUS. Pers. Synop. 40. Duby, 801, n° 5. Chev. 237, n° 327. Fries. Syst. Mycol. p. 311. Fl. dan. t. 1671. Hab. sur le fumier de cheval.

A. BOLTONII. Pers. Synop. 415. Duby, 803, n° 23. Chev. 233, n° 314. Fries. Syst. Mycol. p. 303. A. Flavidus. Bolt. t. 149. Sowerb. t. 96. Hab. sur le fumier de cheval. Printemps.

A. TITUBANS. Bull. t. 425. Duby, 803, n° 22. Chev. 233, n° 315. Fries. Syst. Mycol. 304. Hab. sur les fumiers. Septembre.

Les Chlathracées.

Ad. Brongn. In Dict. Class. t. 4 , p. 190. Champ. p. 91. Phalloïdes. Fries. Syst. Mycol. 2 , p. 281.

PHALLUS. Michel. Gen. p. 201. Pers. Synop. 242.

P. impudicus. Linn. 1648. Duby, 851. Chev. 121, n° 1. DC. Fl. fr. n° 575. Bull. t. 182. Schœff. t. 196-198. Bolt. t. 92. Phallus. fœtidus. Sowerb. t. 329. Grev. Crypt. Fl. t. 213 et 214. Desmaz. 1re éd. 2025, 2e éd. 1625. Mich. Gen. . 83. Lob. Iconog. 309. Hab. dans les bois de a Houssinière, des Dervallières, etc. Eté et au-omne.

P. caninus. Huds. p. 630 Duby, 851 , 2. Schœff. t. 330. Fl. dan. 1259. Nees. Syst. f. 260. Hab. dans les bois, au pied des hêtres, aux Dervallières. Août, septembre.

CLATHRUS cancellatus. Linn. 1648. Duby, 51. DC. Fl. fr. n° 577. Bull. t. 441. Clathrus uber. Mich. 214, t. 93. Pers. Synop. 241. Chl. Volvaceus. Reaum. 1713, p. 71. Hab. à la Hous-inière et aux Dervallières, où cette belle plante st assez commune.

Lycoperdacées.

Ad. Brong. Trichospermi. Fries. Syst. orb. eg. 1. p. 133.

POLYSACCUM. DC. p. 103. **Fries.** p. 135. Pisolithus. Alb. et Schw. Pisocarpium. Linck.

P. CRASSIPES. DC. Duby, 852. Scleroderma tinctorium. Pers. Synop. 152. Mich. Gen. t. 92, f. 1. Hab. à la Verrière. M. Leboterf.

SCLERODERMA. Pers. Synop. 150. Nees. Syst. p. 132. Ad. Brong. 71. Lycoperdonis. Sp. DC.

S. IRREGULARE. Duby, 852. Lycoperdon irregulare. DC. Fl. fr. suppl. n° 715. Hab. à la partie la plus élevée du bois des Dervallières, sous une haie. Automne.

S. AURANTIUM. Pers. Synop. 153. Duby, 852, n° 2. Lycoperdon aurantium. Linn. Bull. t. 270. Chev. 357. 1. DC. Fl. fr. n° 716. L. Citrinum. Pers. L. Spadiceum. Schœff. t. 188. Vaill. t. 16, f. 8. Hab. sur la terre et sur les troncs d'arbres couverts de mousses, dans la châtaigneraie de la Houssinière. Novembre.

S. VERRUCOSUM. Pers. Synop. 134. Duby, 852, n° 3, Chev. 358, n° 3. Lycoperdon verrucosum. Bull. t. 24. DC. Fl. fr. n° 715. Grev. Crypt. Scot. Fl. t. 48. Hab. dans le bois des Dervallières. Octobre.

S. CEPA. Pers. Synop. 155. Duby, 852, n° 4. Grev. Crypt. Fl. t. 66. Vaill. Bot. t. 18, f. 5, 6. Hab. dans les bois, aux Dervallières. Eté.

S. CORIUM. Graves. Duby, 852, n° 5. Lycoperdon corium. DC. Fl. fr. p. 598. Hab. sur la terre. Pesneau. Cat.

GEASTRUM. Pers. Synop. DC. Fl. fr. Ad Brong.

G. **hygrometricum.** Pers. Synop. 135. Duby, 853. Chev. 358. DC. Fl. fr. nº 720. Lycoperdon stellatum. Bull. t. 238, 471, f. M, N. Schm. Ic. t. 26, f. 1, 3. Hab. dans la forêt de Toufou et dans les bois de l'Ebaupin.

G. **quadrifidum.** Pers. Synop. 133. Duby, 853, nº 4. DC. Fl. fr. nº 719. Lycoperdon fornicatum. Huds. 644. Schœff. t. 183. Schm. Ic. t. 37, f. 1. Hab. dans les bois de la Barberie.

BOVISTA. Pers. Lycoperdon. Bull.

B. **plumbea.** Pers. Synop. 137. Duby, 854. Chev. 356. Lycoperdon ardosiaceum. Bull. t. 492. DC. Fl. fr. nº 708. Hab. da ns les prés et sur la hauteur de Saint-Etienne-de-Mont-Luc.

LYCOPERDON. Mich. Gen. Pers. Syn. 140. Nees. Syst. p. 133.

L. **hiemale.** Bull. t. 72 et 475, f. E. Duby, 854, nº 4. Chev. 355, nº 10. Pers. Synop. 144. L. Proteus. DC. Fl. fr. nº 714. Hab. sur la grande pelouse de la Houssinière, aux Dervallières. Automne.

L. **perlatum.** Pers. Synop. 145. Chev. 354, nº 8. Lycop. gemmatum. Fl. dan. t. 1120. L. Lacunosum. Bull. t. 52. Vaill. t. 15, f. 15. Hab. aux Dervallières. Automne.

L. **hirtum.** Bull. t. 340 et 475. A, B, C, D, M, N. Hab. au Plessis-Tison. Eté, automne.

Chevalier considère cette espèce comme une variété de la précédente.

L. EXCIPULIFORME. Scop. 1631. Duby, 854. Chev. 354, n° 9. Desmaz. 1ʳᵉ éd. 1512, 2ᵉ éd. 1012. Bull. 450, f. 2 et t. 478, f. G, H, I. Pers. Synop. 143. Schœff. 187, 292, 295. Hab. à la Meilleraie. M. Ducoudray-Bourgault.

L. TURBINATUM. Pers. in Journ. bot. 1809. Duby, 855, n° 8. L. Lividum, et Spadiceum. Desv. Pers. Hab. les Dervallières. Eté et automne.

L. GIGANTEUM. Batsch. t. 165. Chev. 352. Pers. Synop. 140. DC. Fl. fr. n° 712. Lycop. Bovista gigantea. Duby, 854, 1. Bull. t. 447. Hab. la forêt du Gâvre. Delalande.

L. ECHINATUM. Pers. Synop. 147. Duby, 855, n° 9. L. Perlatum. Pers. Synop. 145. L. Gemmatum. Fl. dan. t. 1140. L. Proteus. DC. Fl. fr. n° 714. Bull. t. 52, 340 et 375. Vaill. t. 12, f. 15, 16. Hab. à la Houssinière, au Bois-Branlard.

L. PRATENSE. Pers. Synop. 142, f. 1. Duby, 855, n° 11. L. Papillatum. Schœff. 4, t. 184. L. Proteus. A. Bull. t. 435, f. 2. DC. Fl. fr. n° 714. Hab. dans les bois, sur les pelouses, à Carcouet, à la Houssinière. Automne.

L. COELATUM. Bull. t. 430, f. 2. Duby, 855, n° 12. DC. Fl. fr. n° 713. L. Bovista. Pers. L. Gemmatum et Areolatum, Schœff. 189, 190. Hab. aux Dervallières, à la Contrie, sur la grande pelouse de la Houssinière, etc.

L. MACRORHIZON. Pers. in Journ. bot. 1809 , t. 2. Duby , 855. Hab. dans les bois de la Dennerie.

TULOSTOMA. Pers. Synop. 139.

T. BRUMALE. Pers. Synop. 139. Duby, 855. Chev. p. 351. DC. Fl. fr. nᵒ 722. Lycoperdon pedunculatum. Var. β Linn. 1654. Bull. t. 294. Hab. sur le petit mur, avant les Dervallières , sur les fossés de l'Ebaupin. Hiver.

ARCYRIA. Pers. Synop. 182. Nees. p. 117. Trichiœ. DC.

A. INCARNATA. Pers. obs. 1 , t. 5, f. 5. Duby, 857 , nᵒ 3. Stemonitis incarnata. Gmel. Chev. t. 9, f. 26. Hab. sur les branches mortes et dans les vieux saules. Delalande.

A. PUNICEA. Pers. Synop. p. 185. Duby, 857, nᵒ 4. Fl. dan. t. 1364 , f. 2. Chev. 329 , nᵒ 1. Trichia cinnabarina. Bull. t. 502, f. 1. DC. Fl. fr. nᵒ 687. Clathratus denudatus. Linn. Hab. sur les bois pourris , à l'Ebaupin. Automne.

A. CINEREA. Pers. Synop. p. 184. Duby, 857, nᵒ 2. Trichia cinerea. Bull. t. 477, f. 2. DC. Fl. fr. 686. Hab. sur le bois pourri. Automne.

STEMONITIS. Gmel. Pers. Syn. 186. DC. Fl. fr.

S. TYPHINA. Pers. Synop. 187. Duby , 857, nᵒ 2. Chev. 331 , nᵒ 2. Trichia typhoïdes. Bull. 477, f. 2. Stemonitis typhoïdes. DC. Fl. fr. nᵒ 692. Hab. sur les vieilles souches. Automne.

S. ʟᴇᴜᴄᴏᴘᴏᴅɪᴀ. DC. Fl. fr. n° 693. Duby, 857, n° 3. Trichia leucopodia. Bull. t. 502, f. 2. Stemonitis leucostyla. Pers. Synop. 186. St. elegans. Roth. Hab. sur les branches et les feuilles tombées et pourries. Automne.

S. ꜰᴀꜱᴄɪᴄᴜʟᴀᴛᴀ. Pers. obs. Mycol. 1, p. 56. Duby, 856, 1. Chev. 331, n° 3. DC. Fl. fr. n° 692. St. Fusca. Roth. Fl. germ. 1, p. 448. Trichia axifera. Bull. t. 477, f. 1. Clathrus nudus. Linn. 1649. Bolt. t. 93. Hab. sur les bois morts. Pesneau.

DIDYMIUM. Schrad. Fries. Syst. orb. veg. p. 141. Didymium et Dyderma. Nees. Chev.

D. ᴅɪꜰꜰᴏʀᴍᴇ. Duby, 858, 2. Diderma difforme. Pers. Icon. Pict. t. 12, f. 3, 5. Chev. 334. Physarum difforme. Link. Hab. sur les feuilles pourries, à l'Ebaupin. Automne.

TRYCHIA. Hall. Pers. Disp. Meth. p. 9. Synop. 176. DC.

T. ɴɪᴛᴇɴꜱ. Pers. Synop. 180. obs. 1, p. 62. Duby, 860, n° 10. T. Chrysosperma. DC. Fl. fr. n° 673. Sphœrocarpus chrysospermus. Bull. t. 417, f. 4. Hab. sur les troncs pourris, à la Houssinière. Mars.

T. ᴠᴀʀɪᴀ. Pers. Synop. p. 181. obs. Mycol. p. 32. Duby, 860, n° 11. Chev. 326, n° 10. Stemonitis varia. Gmel. Hab. sur le bois mort et sur le chaume de la tonnelle de l'Ebaupin. Octobre et novembre.

PHYSARUM. Pers. obs. Mycol. 1, p. 5. Syn. 168. Linck. Fries. Syst. orb. veg. 1, p. 140.

Physarum et Cionium. Linck. Ad. Brongn. Trichiæ et Reticulariæ. DC.

P. HYALINUM. Pers. Synop. p. 170. Disp. Moth. t. 2, f. 4. Duby, 860, n° 1. Chev. 336, n° 6. Trichia utricularis. DC. Fl. fr. n° 676. Sphœrocarpus utricularis. Bull. t. 417, f. 1. Hab. sur les bois morts, à l'Ebaupin. Automne.

P. NUTANS. Pers. Obs. p. 6. Duby, 860, n° 2. Trichia alba. DC. Fl. fr. n° 679. Sphœrocarpus albus. Bull. t. 407, f. 3 et 470, f. 1. Hab. sur les bois et les feuilles mortes, à l'Ébaupin, à la Maillardière. Automne.

P. FARINACEUM. Pers. Synop. 174. Duby, 860, 4. Didymium farinaceum. Schrad. Nov. gen. t. 5, f. 6. Cionium farinaceum. Linck. Hab. sur les branches, les feuilles mortes et les mousses, forêt du Gâvre.

P. HEMISPHOERICUM. Chev. 340, n° 17. Non Duby. Hab. sur les feuilles mortes. Automne. Delalande.

P. CINEREUM. Pers. Synop. 170. Duby, 861, n° 13. Chev. 335, 1. Desmaz. n° 272. Lycoperdon cinereum. Batsch. t. 29, f. 169. A, B. Hab. sur les troncs d'arbres. Pesneau.

LYCOGALA. Pers. Synop. 157. obs. Myc. 2, p. 26. DC. Fl. fr. p. 261.

L. PUNCTATA. Pers. Synop. 158. Duby, 862, 1. DC. Fl. fr. n° 706. Nees. Syst. t. 8, f. 96. Reticularia lycoperdon. Bull. t. 476. Hab. sur le bois mort, aux Dervallières, à la Houssinière. Juillet et octobre.

L. MINIATA. Pers. Synop. 158. Duby, 862, n° 1. Chev. t. 10, f. 4. DC. Fl. fr. n° 705. Grev. Crypt. Fl. t. 38. Lycoperdon epidendrum. Bull. t. 503. Sow. t. 52. Hab. sur le bois mort, aux Dervallières. Été.

RETICULARIA. Bull. p. 85. DC. Fl. fr. p. 258. Fries. Syst. orb. veg. 1, p. 147.

R. ARGENTEA. Fries. Duby, 863, n° 6. R. Lycoperdon. Bull. t. 476, f. 1. A, D. f. 2. Lycogala argentea. Pers. DC. Fl. fr. n° 707. Grev. Crypt. Scot. t. 106. Mucor lycogala. Bolt. t. 133, f. 2. Hab. sur les bois pourris. Pesneau. Cat.

FULIGO. Pers Syn. OEthalium. Linck. Fries.

F. FLAVA. Pers. Synop. 161. Duby, 863. 1. Reticularia lutea. Bull. t. 380. DC. Fl. fr. n° 201. Chev. 342, 1. Sow. t. 309, f. 2. Æthalium flavum. Linck. Nees. Syst. t. 8, f. 92. Grev. Crypt. Fl. t. 272. Mucor ovatus. Schœff. t. 174. Bolt. t. 134.

SPUMARIA. Pers. Synop. 162. DC. Fl. fr. p. 260.

S. ALBA. DC. Duby, 863, n° 1. Chev. t. 9, f. 30. S. Mucilago. Pers. Nees. Syst. t. 8, f. 94. Grev. Crypt. Fl. t. 267. Reticularia alba. Bull. t. 126. Mich. Gen. t. 96, f. 2. Hab. sur les feuilles, les tiges ou rameaux morts. Dervallières. Automne.

TRICHODERMA. Linck. Ad. Brongn.

T. VIRIDE. Pers. Disp. 12. Synop. 231. Duby, 864, n° 1. Chev. 54, n° 1. Nees. Syst. t. 6, fig.

74. Grev. Crypt. Fl. t. 271. Pyrenulum lignorum α vulgare Tode. Mech. t. 3, f. 9. Hab. sur les rameaux morts et les tiges desséchées des grandes herbes, à la Houssinière.

CYATHUS. Hall. Pers. Synop. 236. DC. Fl. fr. p. 269. Nidularia. Bull. p. 69. Fries. Syst. Mycol. 297. Ad. Brongn.

C. striatus. Hoff. veg. Crypt. t. 8, f. 3. Duby, 865, n° 1. DC. Fl. fr. n° 723. Nees. Syst. f. 132. Nidularia Striata. Bull. t. 40, f. 1. Vaill. Bot. t. 11, f. 4, 5. Mich. Gen. t. 102, f. 2. Habite parmi la mousse, sur le bois et les pierres, à la Houssinière, au Bois-Branlard. Août et octobre.

C. vernicosus. DC. Fl. fr. n° 725. Duby, 865, n° 2. C. Olla. Pert. Synop. 237. C. Lœvis. Hoffm. veg. Crypt. t. 8, f. 2. Nidularia campanulata. Sow. t. 28. Fries. N. Vernicosa. Bull. t. 40, f. 2. t. 488, f. 1. Vaill. t. 11, f. 6, 7. Mich. Gen. t. 102. Hab. sur le bois mort, à la Houssinière.

C. crucibulum. Hoffm. veg. Crypt. 2, p. 29, t. 8, f. 1. Duby, 865, n° 2. Chev. 311, n° 3. Nees. Syst. f. 133. Grev. Crypt. Fl. t. 34. C. lœvis. DC. Fl. fr. n° 724. Nidularia Lœvis. Bull. t. 40, f. 3, t. 488, f. 2. Schœff. t. 179. Michel Gen. t. 102, f. 3. Hab. le bois mort, au Bois-Branlard. Été et automne.

C. complanatus. DC. Fl. fr. n° 726. Duby, 865, n° 4. Hab. sur le bois pourri, à la Houssinière. Automne.

6

TUBER. Fries. Syst. Myc. 2 , p. 289.

T. CIBARIUM. Bull. t. 356. Duby , 866 , n° 4. Chev. 364, n° 1. DC. Fl. fr. n° 747. Nees. Syst. Myc. f. 147. Michel Gen. t. 102. Tourn. t. 333. Hab. au Portereau , Pradal. Maillardière , Delamarre. Saint-Etienne-de-Mont-Luc, Hectot. (La Truffe.)

C'est dans cette dernière localité qu'elle a été trouvée en plus grande quantité.

RHIZOMORPHA. Roth. DC. Lichenis pers. Ach. Humb.

R. FRAGILIS. Roth. Cat. 1 , p. 232. Duby , 867 , n° 1. DC. Fl. fr. n° 751. R. Subcorticalis. Pers. R. Hybrida. Sow. t. 392. Mougeot , 759. Mich. Gen. t. 66. Hab. sous l'écorce des arbres, principalement du chêne.

R. SUBTERRANEA. Pers. Synop. 705. Duby , 867 , n° 3. Usnea radiciformis. Scop. t. 8. Lichen radiciformis. Linn. Hab. sur le bois pourri, dans la terre , à la Houssinière , aux Dervallières.

R. TERRESTRIS. Pers. Mycol. 1, p. 59. Duby, 868 , n° 7. Hab. sur la terre et sur le bois mort.

ERYSIPHE. Hedw. DC. Ad. Brongn. 94. Erysibe Ehrenb. Linck. Alphitomorpha. Wall. Podosphora Kunze.

E. HUMULI. DC. Fl. fr. n° 735. Duby , 868, n° 1. Desmaz. n° 165. Hab. sur le houblon, dans les haies de la vallée de Petit-Port.

E. COMMUNIS. Linck, p. 105. Duby, 869, n° 7.

Les Erysiphe peuvent attaquer un très-grand nombre de plantes ; mais ne connaissant bien que celui du houblon, du pois cultivé, Cat. de Pesneau, désigné dans Duby, sous le nom de la Var α ; du Communis Leguminosarum ; des renoncules, qui m'a été donné par M. Delamarre ; et l'Erysiphe necatrix, connu depuis quelques années sous le nom d'*oïdium tukeri*, et que tous ne sont que des variétés du Communis, nous attendrons de nouvelles études pour inscrire d'autres espèces dans notre Catalogue.

SCLEROTIUM. Tode. Nees. 148. DC. Pers. Spermeodia Fries.

S. CLAVUS. DC. Fl. fr. n° 746. Duby, 872, n° 1. Mougeot, 1089. Desmaz. n° 138, 581. Spermoïdia Clavus. Fries. Bull. t. 3. Hab. entre les glumes des graminées et surtout du seigle. Eté.

S. VULGATUM. Fries. obs. 1, p. 204. Syst. Mycol. 2, p. 249. Duby, 872, n° 12. Hab. sur les tiges sèches des ronces, aux Dervallières. Automne.

S. ATRATUM. Desv. Journ. bot. 1809. t. 2, p. 313. Duby, 873, n° 10. Hab. sur des curcubitacées pourries, au Bois-Branlard.

S. BULLATUM. DC. Fl. fr. n° 745. Duby, 874, n° 28. Chev. 371, n° 14. DC. Mém. du Museum, p. 416. Hab. mêmes localités que le précédent.

S. DURUM. Pers. Synop. 122. Duby, 874, n° 29. DC. Fl. fr. n° 745. Mémoire du Museum, t. 14, f. 3. Grev. Crypt. Fl. t. 1. Chev. 371, n° 12. Fries. p. 259. Sphœria solida. Sowerb. t. 314. Hab. sur les tiges sèches des végétàux et surtout des ombellifères.

XILOMA. Linck. Ad. Brongn. DC. Xyloma et Octostroma. Fries Syst. Mycol. p. 261 et 601.

X. POPULINUM. Duby, 875, n° 1. Chev. 451, n° 8. Mougeot, 385. Pers. Synop. 107. DC. Fl. fr. n° 822. Sphœria ceutoscarpa. Fries. Syst. Mycol. 439. Hab. sur les feuilles tombées du peuplier. Automne.

ILLOSPORIUM. Mart. Fl. Crypt. 325. Friés. Tubercularia. DC.

I. ROSEUM. Duby, 876, 1. Tubercularia rosea. Pers. DC. Fl. fr. n° 742. Hab. sur les lichens. Delalande.

I. COCCINEUM. Friés. Duby, 876, 2. Hab. sur de vielles écorces. Delalande.

Les Urédinées.

Ad. Brongn. Gymnomycetes. Linck. Coniomycetum. Fries. Syst. orb. veg. 169 et 188.

TUBERCULARIA. Tode. Meck. 1, p. 18. Pers. Synop. III. DC. Fl. fr. p. 273.

T. VULGARIS. Tode. Meck. p. 18. Duby, 880, 1. Chev. 100, n° 1. Pers. Synop. 112. DC. Fl. fr. n° 738. Tremella purpurea. Linn. Bull.

t. 284. Hab. sur les rameaux morts des arbres, surtout du hêtre, de l'orme, du châtaignier, à la Houssinière.

T. MAGNOLIAE. Pers. Duby, 880, n° 3. Hab. sur les rameaux morts du Magnolia grandiflora. Ancenis. Automne.

GYMNOSPORANGIUM. Linck. obs. 1, p. 7. Nees. p. 37. Fries. Syst. orb. veg. 1, p. 190.

G. JUNIPERI. Linck. Duby, 881, n° 1. Nees. t. 2, f. 23. G. Cenicum. DC. Fl. fr. n. 578. Tremella Juniperina. Linnée, Hoffm. veg. Crypt. 1, t. 6, f. 4. Hab. sur le genevrier, au Plessis-Tison, près la porte du fermier, chemin de Carbin.

PODISOMA. Linck. Nees. p. 18. Fries. Syst. orb. veg. 1, p. 190.

P. FUSCUM. Duby, 881, n° 1. Puccinia juniperi. Chev. 423. Pers. Synop. 228. Clavaria esinosorum. Gmel. 2, p. 1443. Gymnosporanium fuscum. DC. Fl. fr. n° 579. Hab. sur la sabine, à la Quarterie.

EXOSPORIUM. Linck. Vermicularia et Exosporium. Fries. Conopleae. Pers.

E. TILIAE. Linck. obs. 1, t. 1, f. 8. Nees. Syst. t. 2, f. 30. Chev. p. 38, n° 1, t. 3, f. 6. Conoplea tiliae. Pers. Mycol. eur. 1, p. 12. Hab. sur l'écorce du tilleul, aux Dervallières. Mars.

E. HISPIDULUM. Linck. Duby, 822, n. 4. Conoplea hispidula. Linck. obs. 2, p. 32. Hab. sur les feuilles et les tiges desséchées des graminées.

STILBOSPORA. Nees. Syst. p. 21. Linck. pl. 6, 2, p. 193. Pers. DC.

S. MACROSPERMA. Pers. t. 3, f. 13. Duby,, 883, n° 1. DC. Fl. fr. n° 811. Suppl. Mougeot, 383. Necs. t. 1, f. 17. Desmaz. n° 136. Hab. sur l'écorce des arbres morts et surtout du charme, à l'Ebaupin. Mars.

SCHIZODERMIA. Fries. Syst. orb. veg. 1, p. 194. Hypodermium. Linck.

S. SPARSUM. Duby, 885, n. 1. Hypodermium sparsum. Linck. Hab. sur les feuilles de pins et sur les tiges sèches des ronces, aux Dervallières.

PHRAGMIDIUM. Linck. Ad. Brongn. p. 3. Fries. Syst. orb. veg. 1, p. 196. Aregma. Fries. obs. 1, p. 225. Puccina auct.

P. INCRASSATUM. Linck. Duby, 886, n° 4. Chev. 422, n° 3. Puccinia mucronata. Nees. P. Rosæ. DC. Fl. fr. n° 581. Grev. Crypt. Fl. t. 15. P. Mucronata. α Pers. Sinop. 230. Hab. sur des feuilles de rosiers, en automne.

PUCCINIA. Linck. obs. 2, p. 29. Ad. Brongn. p. 32. Pers. DC.

P. BUXI. DC. Fl. fr. Suppl. n° 597. Duby, 888, n° 9. Chev. 429, n. 29, t. 11, f. 6. Sowerb. t. 439. Mougeot, n. 676. Grev. Crypt. Fl. t. 17. Hab. sur le buis, coteaux de la Madeleine, à Varades.

P. GRAMINIS. Pers. Synop. 228. Duby, 889, 22. Chev. 414, n. 2. DC. Fl. fr. n. 596. Desmaz. n. 130. Mougeot, n. 675. Hab. sur diverses graminées.

P. CARICIS. DC. Fl. fr. Suppl. n. 596. Duby, 889, n. 24. P. Striola. Linck. pl. 6, 2, p. 67. Hab. sur les carex.

P. ARUNDINACEA. Hedw. Duby, 889, n. 23. Chev. 414, n. 1. Desmaz. n. 131. Mougeot, 292. Hab. sur l'arundo phragmites.

P. UMBILICI. Guépin. Duby, 890, n. 33. Desmaz. 1re éd. 937, 2e éd. 237. Hab. sur les feuilles de l'Umbilicus. Automne.

P. ANEMONES. Pers. obs. 2, t. 6, f. 5. Duby, 891, n. 41. DC. Fl. fr. n. 595. Mougeot, n. 191. Desmaz. 1re éd. 473, 2e éd. 173. Hab. sur les feuilles des Anémones.

P. VIOLAE. DC. Fl. fr. n. 597. Suppl. Duby, 891, n. 47. P. Violarum. Chev. 418, n. 22. Desmaz. 1re éd. 375, 2e éd. 1273. Hab. sur les différentes espèces de violette.

P. BETONICAE. DC. Fl. fr. Suppl. n. 588. Duby, 891, n. 49. Chev. 416, n. 14. Desmaz. 1re éd. 1553, 2e éd. 1153. Linck. p. 72. Dicœoma betonicæ. Nees. Fung. t. 1, f. 11. Hab. sur les feuilles de la Betoine officinale.

P. SCIRPI. DC. Fl. fr. n° 597. Duby, 892, n° 50. Desmaz. 556. Cœoma scirpi. Fries. Hab. sur les tiges du Scirpus palustris.

P. RUBI. Hedw. t. 5. P. Mucronata. Var. β Pers. Syn. 230. Hab. sur les feuilles des ronces. Pesn. Cat.

P. LIMONII. Fl. fr. Synop. n° 586. Pesneau. Cat. p. 115. Hab. sur les feuilles du Statice limonium.

UREDO. Pers. Synop. 214. DC. Fl. fr. p. 227. Ad Brongn. p. 31. Cœomatis. Linck.

U. CANDIDA. Pers. Synop. 223. Duby, 892, n. 1. Chev. 408, n. 54. DC. Fl. fr. Suppl. n. 636. Uredo cruciferarum ejusd. Fl. fr. n. 636. U. Cubica. Mart. Mosq. p. 228. Mougeot, 190. Desm. 481. Hab. sur les crucifères et les composées. Eté, automne.

U. SENECIONIS. DC. Fl. fr. n. 620. Duby, 893, n. 14. Chev. 406, n. 47. Desmaz. n. 673. Uredo farinosa senecionis. Pers. Synop. 217. Hab. sur les feuilles des Seneçons. Automne.

U. ROSÆ. Pers. Synop. 215. Duby, 893, n. 19. Chev. 407, n. 49. Desmaz. 1re éd. 129, 2e éd. 359. Hab. sur les pétioles et les feuilles de rosier. Eté, automne.

U. RUBORUM. DC. Fl. fr. n. 633. Duby, 894, n. 21. Chev. 407, n. 50. Mougeot, 92. Desmaz n. 225. U. Rubi fructicosi, Pers. OEcidium rubi. Sowerb. t. 398. Pesn. Cat. Hab. sur les feuilles des différentes ronces. Automne.

U. CAMPANULÆ. Pers. Synop. 217. Duby, 894, n. 27. Desmaz. 224. DC. Fl. fr. n. 627. Hab. sur les Campanules. Automne.

U. LINI. DC Fl. fr. n. 630. Duby, 896, n. 42. Chev. 408, n. 55. Mougeot, 90. Desmaz. 1re éd. 675, 2e éd. 133. U. Miniata. β Pers. Cœoma lini. Linck. Hab. sur les feuilles de lin.

U. **excavata**. DC. Fl. fr. n. 607. Duby, 896, n. 46. Hab. sur les feuilles des Euphorbes. Pesneau. Eté.

U. **rubigo-vera**. DC. Fl. fr. n. 623. suppl. Duby, 898, n. 65. U. Rubigo. Chev. 404, n. 38. Desmaz. n. 125. Cœoma rubigo. Linck. Hab. sur les gaines des graminées.

U. **epilobii**. DC. Fl. fr. n. 610. suppl. Duby, 896, n. 47. Chev. 400, n. 21. U. Vagans. α DC. Fl. fr. n. 610. Cœoma epilobii. Linck. Hab. sur les feuilles d'Epilobe. Pesneau. Cat.

U. **cichoracearum**. DC. Fl. fr. n. 612. Duby, 897, n. 49. U. Cyani. DC. Fl. fr. n. 612. suppl. U. Ephialtes. Spreng. Hab. sur les chicorées et les centaurées. Pesneau. Cat.

U. **fabae**. Pers. Disp. 13. Duby, 897, n. 52. DC. Fl. fr. n. 604. suppl. et 609. Grev. Crypt. Fl. t. 95. Desmaz. 322. Hab. sur les tiges et les pétioles des légumineuses, et a pris le nom des diverses plantes sur lesquelles il a été trouvé.

U. **poligonorum**. DC. Fl. fr. n. 609. Suppl. Duby, 899, n. 73. Chev. 398, n. 12. Fl. dan. t. 1318. Grev. Crypt. Fl. t. 80. Desmaz. n. 476. Hab. sur les feuilles des Polygonum. Pesneau. Cat.

U. **violarum**. DC. Fl. fr. n. 610. Suppl. Duby, 899, n. 80. Chev. 400, n. 18. Desmaz. 1re éd. 1080, 2e éd. 480. Cœoma nivosum. Linck. obs. 2, p. 27 et 25. Hab. sur les feuilles de violette. Pesneau. Cat.

U. ALLIORUM. DC. Fl. fr. n. 623. suppl. Duby, 892, n. 4. Chev. 405, n. 40. Cœoma alliorum. Linck. Hab. sur les différentes espèces d'ail. Pesneau. Cat.

U. SUAVEOLENS. Pers. Synop. 221. Duby, 900, n. 54. Chev. 396, n. 3. DC. Fl. fr. n. 609. Mougeot, 189. Desmaz. 1ʳᵉ éd. 770, 2ᵉ éd. 129. Cœoma suaveolens. Linck. Hab. sur le Cirsium arvense et palustre. Eté.

U. THESII. Duby, 899, n. 71. Hab. sur le Thesium linophyllum. Delalande.

U. RANUNCULACEARUM. DC. Fl. fr. n. 613. suppl. Duby, 901, n. 94. U. Anemomes. Pers. Synop. 223. U. Ficariæ. Alb. et Schw. p. 128. Cœoma ranunculaceorum. Linck. p. 24. Hab. sur la Ficaire l'hépatique, les anémones, les renoncules, les hellebores, etc. Automne.

U. CARBO. DC. Fl. fr. n. 615. suppl. Duby, 901, n. 102. Desmaz. n. 123. U. Segetum. Chev. 402, n. 31. Mougeot, n. 291. Reticularia segetum. Bull. t. 472. Hab. sur les graminées, surtout sur l'avoine. Eté.

U. EUPHORBIAE. Rebent. p. 354. Duby, 896, n. 40. Chev. 409, n. 38. U. Helioscopiæ. DC. Fl. fr. n. 625. Cœoma euphorbiarum. Linck. pl. 6, 2, p. 39. Hab. sur les Euphorbes. Automne.

U. ANTHERARUM. DC. Fl. fr. n. 615. suppl. Duby, 902, n. 110. Chev. 402, n. 30. U. Violacea. Pers. Syn. 225. Cœoma antherarum. Nees. t. 1, f. 5. Hab. sur les anthères des Caryophyllées. Eté.

ÆCIDIUM. Pers. Synop. 204. DC. Fl. fr. p. 237. Ad. Brongn. p. 31. Cœomatis. Linck.

Æ. CANCELLATUM. Pers. Synop. 204. Duby, 202, n. 1. DC. Fl. fr. n. 667. Grev. Crypt. Fl. Mougeot, n. 184. Desmaz. 1re éd. 82, 2e éd. 833. Hab. sur la face inférieure des feuilles du poirier. Automne.

Æ. PINI. Pers. in Gmel. Syst. Nat. p. 1473. Duby, 903, n. 9. DC. Fl. fr. n. 638. Mougeot, n. 186. Grev. Crypt. Fl. t. 7. Lycoperdon pini. Wild. Hab. sur les feuilles et l'écorce du pin.

Æ. CRASSUM. Pers. Icon. Pict. 2, t. 3, f. 1, 2. Duby, 904, n. 15. DC. Fl. fr. n. 658. Cœoma crassatum. Linck. Mougeot, 89. Hab. sur les feuilles et les rameaux de la bourdaine, à Petit-Port, et sur des feuilles de rosiers. Eté, automne.

Æ. ARI. Desmaz. Cat. p. 26. Duby, 905, n. 32. Hab. sur les feuilles de l'Arum. Pesneau. Cat.

Æ. RUBELLUM. DC. Fl. fr. n° 650. Duby, 906, n° 41. Gmel. Syst. p. 1473. Æcidium. Rhei. Sowerb. t. 398, f. 6. Desmaz. 1re éd. 1167, 2e éd. 667. Æcidium rumicis. Mougeot, n° 192. Hab. sur les feuilles du Rumex, dans les fossés du château de Machecoul. Mars.

Æ. ORCHIDEARUM. Desmaz. 1re éd. 1163, 2e éd. 663. Duby, 906, n° 43. Hab. sur les feuilles des orchidées. Pesneau. Cat.

Æ. EUPHORBIARUM. DC. Fl. fr. n° 647, suppl.

Duby, 907, n° 47. Æcidium euphorbiæ. Chev. 387, n° 1. Pers. Synop. 211. Æ. Cyparissiæ. DC. Fl. fr. n° 647. Mougeot, n° 87. Hab. sur l'Euphorbia cyparissias, Ancenis, et sur le Sylvatica.

Æ. LEUCOSPERMUM. DC. Fl. fr. n° 642. Duby, 907, n° 53. Chev. 393, n° 23. Æ. Anemones. Pers. Synop. 212. Hab. sur les feuilles et les tiges d'anémones. Eté.

Æ. VIOLARUM. DC. Fl. fr. n° 645. Duby, 907, n° 50. Chev. 387, n° 4, t. 11, f. 4, G. Schum. Sœll. Alb. et Schw. t. 10, f. 2. Pesneau. Cat. Cœoma violarum. Linck. p. 58. Hab. sur les pétioles et les feuilles de violette.

Æ. CONFERTUM. DC. Fl. fr. n° 659. Æcidium ficariæ. Pers. Synop. 208. Desmaz. 27. Hab. sur la surface inférieure des feuilles de la Ficaire.

Æ. THESII. Desv. Journ. Bot. 2, p. 311. Duby. 908, n° 62, DC. Fl. fr. 640, suppl. Hab. sur le Thesium lynophyllum. Delalande.

Mucédinées.

Ad. Brong .p. 39 et Dict. Class. t. 11, p. 270, — Hyphomycetes. Linck. pl. 6, 1re partie. — Conyomycetum, ordre 2 et 3. Byssacearum, tribu, 3e et 4e .Fries. Syst. orb. veg.

ERINEUM. Pers. Synop. 699. DC. Fl. fr. 2, p. 73. Grev. in. Edimb. Journ. vol. 6, p. 71. Kunze in Mycol. Heft. 2, p. 133. Linck. pl. 6, p. 146. Phillerium taphia. Erineum. Fries.

E. **juglandis**. DC. Fl. fr. n° 187? suppl. Duby, 910 , n° 3. Grev. Crypt. Fl. t. 263, f. 2. Chev. t. 3, f. 1. E. Subulatum. Greville, Edimb. 2, f. 4. E. Juglandinum. Pers. Desmaz. 1re éd. 4, 2e éd. 563. Hab. sur la feuille du noyer.

E. **ilicinum**. Pers. DC. Fl. fr. n° 187, suppl. Chev. 30, 5. Duby, 910 , n° 4. Demaz. 1re éd. 839, 2e éd. 1539. Grev. t. 2, f. 5. Phyllerium iginum. Schleicht. Hab. sur les feuilles du chêne vert. Automne.

E. **pyrinum**. Pers. t. 3, f. 2. Myc. 1, p. 4. Duby, 910 , n° 5. Grev. Crypt. Fl. 1, t. 22. E. Janilum. DC. Encycl. Bot. 8, p. 217. Phyllerium pyrinum. Fries. Hab. sur les feuilles et les péoles du poirier, du pommier et du prunier.

E. **acerinum**. Pers. Mycol. europ. p. 6, Duby, 910 , n° 6. Chev. 30, n° 8. Mougeot, n° 98. Mucor ferrugineus. Bull. t. 504, f. 12. Hab. la surface inférieure des feuilles d'érable cham- être et du faux platane. Automne.

E. **vitis**. DC. Fl. fr. n° 186. Duby, 910, n° 9. Chev. 29, n° 2. Schrad. et Schleich. Phyllerium. itis. Fries. Hab. la surface inférieure des feuilles e vigne. Eté, automne.

E. **alneum**. Pers. Synop. 701. Duby , 911 . n° 22. Chev. 31, n° 12. DC. Fl. fr. n° 187, Mougeot, 9. Grev. Crypt. Fl. t. 57, f. 2. Mucor ferrugineus. Bull. t. 514, f. 12. Pesneau. Cat. Hab. sur la face inférieure des feuilles d'aulne.

PILOBOLUS. Tode Mech. 1, p. 41. DC. Fl. fr. 271. Linck. p. 95. Fries. Syst. Mycol. 2, p. 308.

P. CRISTALLINUS. Pers. obs. Mycol. 1, t. 4, f. 9, 10. Duby, 912, n° 1. DC. Fl. fr. n° 728. Mucor urceolatus. Dicks. veget. Crypt. 1, t. 3, f. 1. Bull. t. 480, f. 1. Hab. sur le crottin de cheval. Pesneau. Cat.

MUCOR. Linck. pl. 6, p. 80. Fries. Syst. orb. veg. 1, p. 177. Ascophora. Tode.

M. MUCEDO. Bolt. t. 132, f. 1. Duby, 914, n° 7. Linck. p. 6, 1, p. 85. Hab. sur les corps en putréfaction.

M. ASCOPHORUS. Linck. pl. 6, 1, p. 85. Duby, 914, n° 8. M. Mucedo. Pers. DC. Fl. fr. n° 669. M. Sphærocephalus. Bull. t. 480. Ascophora mucedo. Tode t. 3, f. 22. Nees. f. 80. Grev., Crypt. Fl. t. 269. Hab. sur le pain de froment, cuit à une chaleur trop vive et dont la pâte a été trop noyée.

ASPERGILLUS. Michel. Gen. p. 212. Linck. obs. 1, p. 14. Fries. Syst. orb. veg. 1, p. 133. Monilia. Pers. DC.

A. GLAUCUS. Linck. obs. 1, p. 14. Duby, 915, 1. Chev. 63, 1. Monilia Glauca. Pers. DC. Fl. fr. n° 171. Mucor aspergillus. Bull. t. 504, f. 10. Mich. Gen. t. 91, f. 1. Hab. très-commun sur les matières en fermentation.

Je l'ai obtenu très-beau sur du lait de coco, sur de l'encre, etc.

EUROTIUM. Linck. obs. 1, p. 29. Nees. p. 95, f. 97. Mucor. DC.

E. HERBARIORUM. Linck. obs. 1, f. 44. Duby, 916, 1. Chev. 71, 1, t. 4, f. 22 (très-grossi). Nees.

f. 97. Grev. Crypt. Fl. t. 64. Mucor herbariorum. Wigg. DC. Fl. fr. n° 669. Hab. sur des
feuilles de noyer, à l'Ebaupin.

BOTRITIS. Fries. Syst. orb. veg. 1, p. 183.
Botritis, spicularia, haplaria. Pers. Mycol. 1,
p. 32, 38 et 28. Haplotrichum, haplaria, Botrytis
polysetis. Linck. Sp. pl. 6, part. 1re, pl. 52, 62.

B. ROSEA. DC. Fl. fr. n° 178. Chev. 68, n° 12.
Duby, 920, n° 16. Mucor roseus. Bull. t. 504.
f. 4. Hab. sur l'écorce des arbres, surtout de
l'aulne, aux Dervallières.

B. CINEREA. Pers. Synop. 190. Mycol. 1, p.
32. Duby. 920, n° 19. Chev. 67, n° 3. Desmaz.
1re éd. 925, 2e éd. 225. Hab. sur des champignons
gâtés et sur un potiron, au Bois-Branlard.

SPOROTRICHUM. Linck. Fries. Syst. orb.
veg. 1, p. 185. Sporotrich. Asporotrichum
aleurisma et Collarium. Linck.

S. AUREUM. Linck. obs. 1, p. 11. Duby, 923,
n° 22. Chev. 49, n° 19. Mucor aurantius. Bull.
t. 504, f. 5. Ægerita aurantia. DC. Fl. fr. n° 72.
Hab. sur les bouchons et les cercles pourris, dans
les caves.
Je l'ai trouvé dans du mauvais pain de munition
mal cuit.

S. VIRESCENS. Linck. Duby, 923, n° 27. Chev.
47, n° 14. Dematium virescens. Pers. Synop. p.
698. Cladesporium virescens. Pers. Mycol. eur.
1, p. 14. Hab. sur les bois pourris d'une vieille
mâsure, chemin de l'Ebaupin.

S. DENSUM. Linck. obs. 1, p. 11. Duby, 922,

n. 8. Chev. 45, n. 3. Pers. Mycol. 1, p. 75. Racodium. antomogena. Pers Mycol. 1, p. 72. Hab. sur les antennes et les pattes des coléoptères.

FUSISPORIUM et Epochnium. Fries. Syst. orb. veg. 1, p. 186. Fusisporium, Fusidium et Epochnium. Linck. obs. 1, p. 17, 6 et 16. A. Brongn. p. 48, 34 et 40.

F. GRISEUM. Duby, 926, n. 6. Chev. 56, t. 3, f. 17. Fusidium griseum. Linck. Grevil. Crypt. Fl. t. 102, f. 1. Mougeot, n. 894. Hab. sur les feuilles sèches du chêne et sur les feuilles de la Spiræa ulmaria , aux Dervallières, aux Cléons.

F. SULFUREUM. Duby, 926, n. 8. Chev. 56, n. 3. Linck. Fusarium sulfureum. Schlecht. Hab. dans les caves, sur le tubercule pourri de la pomme de terre.

Cette plante, au premier aspect, ressemble beaucoup à l'oïdium aureum, qui se développe dans le vieux pain de maïs.

POLYTHRYNCIUM. Kunze. Schmidt. Mycol. p. 13. Linck. Sp. pl. 6, 1, p. 43.

P. TRIFOLII. Schum. et Kunze. t. 1, f. 8. Duby, 927, n. 1. Mougeot, 688. Desmaz. n. 162. Hab. sur les feuilles de trèfle , surtout du Trifolium pratense.

CONOPLEA. Ehrenb. p. 23. Linck. Sp. pl. 6. Pers.

C. HISPIDULA. Pers. Synop. 235. Mycol. 1, p. 10. Duby, 928, n. 1. Chev. 40, n. 1. Kunze. et Schmidt. Alb. et Schw. p. 137, 138. Hab. sur les graminées du chaume qui couvre la vieille tonnelle de l'Ebaupin.

OIDIUM. Linck. obs. 1, p. 16. Ad. Brongn. p. 146. Acrosporium. Nees. Pers. Mycol. eur. 1, p. 23. Alycidium. Kunze.

O. AUREUM. Nees. Syst. 2, t. 3, f. 44. Duby, 931, n. 1. Chev. 42, n. 1, t. 4, f. 20. Linck. obs. 1, p. 16, f. 29. Nees. Lin. Magaz. 1809, t. 1, f. 29. Hab. sur l'écorce pourrie des arbres et sur du pain de farine de maïs.

O. TUKERI. Cet oïdium, malheureusement trop connu aujourd'hui, a été décrit seulement par Berk. Erysiphe necatrix, et se trouve parmi les plantes cryptogames de Desmaz. 1re éd. 2133, 2e éd. 1733. Hab. sur la vigne. Eté.

DEMATIUM. Linck. obs. 1, p. 19. Ad. Brong. p. 55. Racodii et Xylostroma. Pers.

D. GIGANTEUM. Chev. 79, n. 8. Duby, 933, n. 3. Xylostroma giganteum. Tode Mecklemb. 1, p. 36, t. 6, f. 51. Sowerb. t. 358. Mougeot, 689. X. Corium. Pers. Mycol. Byssus gigantea. DC. Fl. fr. n. 165. Hab. entre l'écorce et le bois des arbres morts, à l'Ebaupin.

D. PAPYRACEUM. Linck. Duby, 934, n. 8. Chev. 79, n. 9. Racodium papyraceum. Pers. Mycol. europ. 1, p. 71. Sow. t. 387, f. 10. Hab. dans les fentes et l'intérieur des saules creux, à Ancenis, au Plessis-Tison. L'abbé Delalande.

D. HERBARUM. Pers. Synop. 699. Mougeot, 299. Byssus herbarum. DC. Fl. fr. 170, suppl.

Hab. sur les grandes plantes herbacées. Pesneau. Cat.

D. STRIGOSUM. Pers. Synop. 695. Byssus aurantiaca. Lam. Dict. p. 524. DC. Fl. fr. n. 168. Humb. Fryb. p. 62. Mich. Gen. p. 211, t. 90, f. 1. Hab. sur le bois pourri. Pesneau. Cat.

D. PETROEUM. Pers. Synop. 697. Byssus aurea. Lynn. 1638. Lam. Fl. fr. 1, p. 102. Dill. Musc. t. 1, f. 16. DC. Fl. fr. n. 169. Bull. t. 692, Hab. sur les murs, les rochers. Pesneau. Cat. L'abbé Delalande , serre de M. Caillé.

BYSSUS. Linn. Dematium. Racodium himantia et Mesenterica. Pers.

B. CRYPTARUM. Lam. Fl. fr. 1, p. 102. DC. Fl. fr. n. 166. Mich. t. 89. f. 9. Dill. Musc. t. 1, f. 12. Racodium cellare. Pers. Synop. 701. Byssus septica. Roth. Germ. 4 , p. 561. Hab. sur les tonneaux, dans les caves. Pesneau. Cat.

B. FLOCCOSA. Mart. Erlang. p. 345. Duby, 934, 1. Hypha bombycina. Pers. Myc. 1, p. 63. Dill. Musc. t. 1, f. 9. Trouvé dans une chambre basse de l'hôtel des Beaux-Arts.

OZONIUM. Linck. obs. p. 19. Pers. Byssi. DC.

O. AURICOMUM. Linck. Duby, 934, 1. Chev. 76, n. 1. Desmaz. 1re éd. 69, 2e éd. 158. Grev. Crypt. Fl. t. 260. O. Fulvum. Pers. Mycol. 1, p. 87. Rhizomorpha capillaris. Roth. Ceratonema capillare. Pers. Mycol. 1, p. 48. Byssus barbata. Eng. Bot. t. 701. B. Aurantiaca. DC. Fl. fr. n. 168. Hab. sur le chaume d'une vieille mâsure , entre la route de Rennes et celle de Vannes.

O. AUREUM. Duby, 934, n. 2. Byssus aurea. Linn. DC. Fl .fr. V. Dematium petrœum p. 193.

HIMANTIA. Pers. Synop. 703. Mycol. eur. 1, p. 88. Ad. Brongn. 8, p. 199.

H. CANDIDA. Pers. Synop. 704. Desmaz. n. 514. Chev. 80, 2. Byssus candida. Huds. Angl. p. 601. Dill. Musc. t. 1, f. 15. DC. Fl. fr. n. 162. Hab. sur les feuilles mortes tombées.

H. SUBCORTICALIS. Pers. Mycol. europe. 1, p. 92. H. Plumosa. Desv. Hab. entre l'écorce et le bois pourri, aux Dervallières.

H. RADIANS. Pers. Chevallier, 80, n. 3. Hab. les mêmes localités que la Candida, dont il n'est probablement qu'une variété.

ALGUES.

DC. Fl. fr. 2, p. 2. Agareh. Syst. Alg. 1824. Thallassiophyta. Lamour. Ann. Mus. Hist. nat. t. 20. Hydrophyta. Lamour. Bory de Saint-Vincent in Dict. Class. t. 8, p. 435.

I. Melanospermeæ.

HALIDRYS. Lyng. p. 27. Gaillo. p. 8.

H. SILIQUOSA. Lyng. Hook. Harvey. Cysto-seira. Ag. Fucus. Linn. DC. Fl. fr. n. 2, p. 2. Hab. rochers profonds, au Croisic.

CYSTOSEIRA. Ag. Gaillon. Duby.

C. ERICOÏDES. Ag. Sp. Hook. Harv. Duby, p. 937. Fucus. Linn. Turn. Hab. rochers profonds, Belle-Ile. Août.

C. granulata. Ag. Hook. Harv. Duby, 936, n. 4. Fucus. Linn. Hab. dans les flaques de rochers, Noirmoutier. Avril.

C. foeniculacea. Grev. Hook. Harv. Man. et Phyc. t. 122. Ag. Alg. Med. et Sp. p. 224. C. Discors. Ag. Duby, p. 937, n. 8. Fucus fœniculaceus. Turn. Linn. Hab. dans les flaques, à marée presque basse, Croisic. Juillet.

C. fibrosa. Ag. Syst. Alg. 285. Hook. Harv. Duby, p. 936, n. 1. Fucus fibrosus. Stakh. Huds. Hab. rochers profonds, Belle-Ile. Juillet.

FUCUS. Grev. Fl. édin. 2, p. 283. Halidrys et Fucus. Lyngb. Gaillon. Siliquaria fucus et Nodularia. Lam.

F. tuberculatus. Huds. Ang. 588. Ag. Hook. Duby, p. 938, n. 3. Fucus bifurcatus. With. Hab. rochers profonds, Croisic. Mars.

F. vesiculosus. Linnée, 1626. Duby, p. 938, n. 6. Stackh. Esp. t. 12-13. Turn. t. 88. DC. Fl. fr. 2, p. 18. Desmaz. n. 158. Moris t. 15, t. 8, f. 5. Hab. en touffes sur les rochers, à marée haute. Mars.

F. vesiculosus. Var. Spiralis. Turn. Ag. Hook. Br. Fl. Duby, Stackh. Esper. Linn. DC. Fl. fr. 2, p. 19. Hab. sur les pierres, dans les courants, en eau peu profonde. Juin.

F. ceranoïdes. Linn. Sp. 1626. Ag. Duby, p. 938, n. 5. Hook. Harv. Stackh. t. 13. Lingb, p. 5. Fucus Distichus. Sp. t. 139. DC. Fl. fr. 2, p. 19. Hab. sur les rochers de l'Océan.

F. serratus. Linn. Sp. 1626. Stackh. Duby,

938, n. 7. DC. Fl. fr. 2, p. 20. Turn. t. 90. Desmaz. n. 159. Hab. sur les rochers, à Belle-Ile.
Septembre.

Dans les mêmes localités, on trouve une
variété à feuilles plus larges.

F. NODOSUS. Linn. 1628. Duby, 938, n. 2.
Hook. Harvey, Gmel. fuc. t. 1. DC. Fl. fr. 2, p.
22. Stackh. t. 10. Turn. t. 91. Halydris nodosa.
Lyngb. t. 8. Hab. sur les rochers, au Croisic.
Octobre.

HIMANTHALIA. Lyngb. p. 36. Gaill.

H. LOREA. Lyngb. Duby, p. 939, 1. Hook.
Harvey. Fucus loreus. Linn. Syst. nat. 813.
Stackh. t. 10. DC. Fl. fr. 2, p. 23. Turn. t. 196.
Hab. sur les rochers du Pilier. Avril.

DESMARETIA. Lamour. Gaillon. Desmia.
Lyngb. Sporochni Ag.

D. LIGULATA. Lamour. Hook. Duby, 939,
n. 1. Harvey. Desmia ligulata Lyngb. Fucus
ligulatus. Lightf. Scot. 2, t. 29. DC. Fl. fr. 2,
p. 34. Turn. t. 98. Sporochnus ligulatus. Ag.
Hab. rochers profonds. Belle-Ile. Août.

D. ACULEATA. Lamour. Hook. Harvey. Duby,
939, n. 3. Sporochnus aculeatus Ag. Chauv.
Alg. Norm. n. 46. Fucus aculeatus Fl. dan.
t. 355. Stackh. DC. Fl. fr. 2, p. 34. Hab.
Jeté à la côte. Belle-Ile. Juillet, septembre.

D. VIRIDIS. Lamour. Hook. Harv. Duby, p.
939, n. 4. Dichloria viridis. Grev. Fucus
viridis. Fl. dan. t. 886. Sporochnus viridis.

Ag. Fucus. Esper. 114. Hab. la côte de Belle-Ile. Juin et juillet.

ARTHROCLADIA. Duby. Confervæ. Hud. Dillw. Sporochni. Ag.

A. **villosa.** Duby, Harv. Elaionema. Berk. Sporochnus villosus. Ag. Hook. Conferva. Hudson. Hab. Jeté souvent à la côte avec le Sporochnus pedunculatus. Belle-Ile. Juillet, août.

SPOROCHNUS. Gaill. p. 18. Agardh. Gigartinæ Dictyotæ. Lamour.

S. **pedunculatus.** Agardh. Syst. p. 259. Duby, 953. Harvey, Gen. 9, spec. 21. Hook. Fucus Stackh. Eng. Bot. t. 545, t. 188. Esper. t. 156. Gigartina. Ped. Lamour. Hab. Belle-Ile. Cueilli en septembre, au Croisic, sur les petites coquilles et les rochers.

S. **rhizodes.** Aiz. Duby, p. 954, n. 2. Fucus rhizodes. Turn. Chordaria rhizodes. Lyngb. t. 14. Hab. rochers plats et profonds, sur le Cystoseira ericoïdes. Juillet.

ALARIA. Grev. Hook. Harv. Laminariæ. Ag.

A. **esculenta.** Grev. Alg. Brit. t. 4. Hook. Harv. Gen. 11. Sp. 23. Laminaria esculenta. Agardh. Duby, p. 940, n. 1. Fucus. Linn. Fl. dan. t. 417. Turn. t. 117. Esp. t. 126. Orgya esculenta. Bory. Hab. sur les rochers des côtes de Bretagne.

LAMINARIA. Lamour. Orgya. Bory.

L. **DIGITATA**. Lamour. Duby, 940, n. 5. Agardh. Hook. Esper. Harv. Gen. xii. Sp. 24. Fucus. Linn. Turn. t. 162. Ulva digitata. DC. Fl. fr. 2, p. 16. Hab. rochers profonds. Le Croisic. Mars.

L. **BULBOSA**. Lamour. Agardh. Hook. Harv. Gen. xii. Sp. 25. Fucus bulbosus. Linn. Huds. Turn. Esper. Icon. t. 123. Fucus polyschides. Stackh. Ulva bulbosa. DC. Fl. fr. 2, p. 16. Hab. rochers, à marée basse.

L. **SACCHARINA**. Lamour. Duby, 940, n. 2. Harv. Sp. 27. Lyngb. t. 5. Fucus saccharinus. Linn. Gmel. t. 27 et 28. Turn. t. 163. Ulva Sacch. DC. Fl. fr. 2, p. 15. Hab. rochers, à Belle-Ile, juillet; et au Croisic. Mars.

L. **DEBILIS**. Agardh. Duby, 940, n° 4. Grev. Crypt. Fl. t. 277. Fucus phyllitis. Turn. t. 164. Hab. sur les pierres, à marée basse, Noirmoutier. Avril.

CHORDA. Lamour. Lyngb. p. 72. Harv. Synop. xiii.

C. **FILUM**. Lamour. Duby, 957. Fucus filum. Linn. Turn. t. 86. Eng. Bot. t. 2487. Fl. dan. t. 821. F. Tendo. Esper. t. 22. Ceramium filum. Roth. DC. Fl. fr. 2, p. 47. Scytosiphon Ag. Hab. sur les rochers, les pierres. Croisic. Septembre.

C. **LOMENTARIA**. Grev. Hook. Harv. Syn. Sp. 31. Scytosiphon filum. Agardh. Hab. rochers, pierre, Belle-Ile. Juillet.

CUTLERIA. Harv. Synop. xiv.

C. **multifida**. Grev. Harv. Phyc. t. 75. Hook. Fl. brit. Ag. p. 104. Zonaria Micltifida. Ag. Dictyota Laciniata. Lamour. Duby, 955, n° 5. Ulva. Smith. Dictyota penicillata. Lamour. Hab. les coquilles, les pierres, les souches de Zostera. Belle-Ile. Juillet.

HALYSERIS. Tozz. Harv. Syn. xv. Gen.

H. **polypodioïdes**. Tozz. Ag. Harv. 33. Fucus. Lamour. Dictyopteris Lamour. Duby, 954, n° 1. Fucus Membranaceus. Stackh. Hab. les rochers profonds. Belle-Ile. Août.

PADINA. Adans. Lamour. Bory. Dyctyotœ. Liam. Harv. Synop. G. xvii.

P. **pavonia**. Lamour. Duby, p. 955. Hook. Fl. br. Harv. Synop. xvi, Sp. 34, t. 91. Ag. p. 115. Zonaria Pavonia. Ag. Ulva Linn. Esper. t. 4. Hab. rochers, dans les flaques peu profondes. Croisic. Juillet, septembre.

DYCTIOTA. Lamour. in Desv. Journ. botan. 2, p. 41. Zonariæ. Ag.

D. **atomaria**. Grev. Hook. Brit. Fl. Taonia. Harv. Man. et phyc. Synop. Gen. xix. Sp. 37. D. Zonata et Cihata. Lamour. Zonaria Atomaria. Ag. Hab. sur les rochers, les pierres, les coquilles, au Croisic. Septembre.

D. **dichotoma**. Lamouroux. Hook. Harvey. Synop. G. xix. Sp. 38. Zonaria. Ag. Ulva Huds. Hab. les rochers, les pierres. Belle-Ile. Août.

D. **dichotoma**. Var. Intricata. Hook. Duby, 954. D. Divaricata. Lamour. Zonaria. Ag. Hab.

s rochers exposés aux courants. Belle-Ile.
oût.

STILOPHORA. Lyngb. Harv. Synop. Gen. xx.

S. **rhizodes.** Var. paradoxa. Lyngh. Ag. Harv.
yc. t. 237. Synop. Sp. 34. Sporochnus
hizodes. Duby, 954. Hook. Fl. brit. Chordaria
radoxa. Lyngh. Hab. sur le Cystosceira eri-
ïdes, en eau profonde. Ile-aux-Moines. Mor-
han.

STRIARIA. Harv. Synop. Gen. xxii.

S. **attenuata.** Grev. Hook. Fl. brit. Harv.
nop. Sp. 42. Zonaria Lineolata. Ag. Ab.
ur. t. 40. Hab. sur les bords d'un réservoir
n marais salant, à Noirmoutier. Avril.

PUNCTARIA. Grev. Harv. Synop. Gen. xxiii.

P. **plantaginea.** Grev. Hook. Harv. Synop.
. 44. Zonaria. Ag. Ulva. Roth. Cat. Lami-
ria Debilis. Var. Dictyotoïdes. Duby, p. 940,
4. Hab. sur les pierres, dans les rochers
u profonds. Noirmoutier. Avril.

ASPEROCOCCUS. Lamour. Ann. Mus. 20,
277. Emælium. Ag. Ulvæ Sp. Auct.

A. **compressus.** Griff. Hook. Brit. Fl. p.
8. Harv. Man. et phyc. Synop. Gen. xxiv.
. 46, t. 72. Ag. Hab. dans les flaques à
arée basse. Belle-Ile. Juin. (Rare.)

A. **turneri.** Hook. Harv. Synop. Sp. 47.
. Bullosus. Lamour. Encœlium. Ag. Ulva
urneri. Dillw. Hab. à marée basse, rochers,
erres et parasite, souvent sur le Zostera. Mai.

A. ECHINATUS. Grev. Harv. Phyc. Gen. xxiv. Sp. 48. A. Rugosus. Lamour. Encœlium echinatum. Ag. Hab. dans les flaques des rochers, ordinairement parasite, Croisic. Juin.

A. PUSILLUS. Carm. in Hook. Brit. Fl. Chauvin, recherches, p. 25. Litosiphon pusillus. Harv. Synop. Gen. xxv. Sp. 49. Bangia laminariæ. Ling. Hab. sur le Chorda filum et sur les lanières des Laminaria. Croisic, Belle-Ile. Août et septembre. Et pendant l'été, sur les grandes algues.

CORYNEPHORA. Agardh.

C. MARINA. Ag. Syst. Harv. Man. non Phyc. Leathesia marina. Gray. Hab. sur les rochers, les coralines, les algues. Belle-Ile. Juillet.

NOSTOC. Vauck. Hist. des Cónf. Tremella Nostoc. Eng. Bot. t. terrestris. Dill.

N. COMMUNE. Vanck. Hist. des Conf. t. 16. Duby, p. 960, n. 4. Hass. p. 288, pl. LXXIV, f. 2. Harv. Man. non Phyc. Tremella Nostoc. Linn. Hab. sur la terre, le sable, après les pluies, sur les créneaux de la Houssinière. Automne et hiver.

CHÆTOPHORA. Schrank. Lyngb. p. 65, 66. Ag. Grev. Sect. Rivularia. Bonnemais.

C. PISIFORMIS. In Hookers. Brit. Fl. Harvey, Man. Hass. p. 128, pl. IX, f. 5, 6. Ch. elegans. Grev. Sect. Crypt. t. 150. Rivularia pisiformis. Roth. Cat. Batrachospermum intricatum. Vauch. t. 12, f. 2, 3. Hab. dans les fossés d'eau douce, Nantes, attaché aux plantes, aux morceaux de bois. Mars, août.

C. ENDIVIAEFOLIA. Æg. Syst. p. 28. Lyngb. t. 65. Harv. in Hook. et Man. Kutz. Duby, p. 962, n. 4. Rivularia. Roth. Cat. Fl. dan. t. 1458, f. 2.. Ulva incrassata. Fl. Bot. t. 967. Batrachospermum fasciculatum. Vauch. Hab. les fossés marécageux d'eau douce des terrains calcaires, sur les plantes mortes ou vivantes, Nantes. Printemps, été.

MESOGLOIA. Ad. Syn. 196. Lyngb. Chætophoræ Hook.

M. VERMICULARIS. Ag. Harv. Synop. XXVII. Sp. 53. Helmintocladia. Harv. Man. Dumontia vermiculata. Lamour. Hab. sur les rochers, au Croisic, Belle-Ile. Juillet et août.

M. GRIFFITHSIANA. Grev. Harv. Sp. 54. Ag. Sp. p. 57. Wyatt. Alg. Danm. 48. Helmintocladia. Harv. Man. Hab. rochers et parasite, à marée basse, Belle-Ile et Noirmoutier. Juillet, août.

M. VIRESCENS. Harv. Phyc. n. 32. Sinop. 55. Vide. J. Ag. Var. Zostericola. Sp. p. 54 et 57. Lunkia zosteræ. Lingb. t. 68. Hab. sur les feuilles du Zostera marina, Belle-Ile. Juillet, août.

M. VIRESCENS. Carm. Hook. Brit. Fl. Harv. Phyc. Synop. Sp. 55. Helmintocladia. Harv. Man. Hab. rochers, à marée basse, Croisic. Juillet.

LEATHESIA. Ag. Sp. Alg.

L. BERKELEYI. Harv. Phyc. Synop. Gen. XXVIII. Sp. 56. Chœtophora. Grev. Hook. Brit. Fl. Wyatt. Algæ. Dam. Hab. les rochers battus par la mer, Belle-Ile. Septembre.

ELACHISTA. Duby, Eng. Bot.

E. FUCICOLA. Harv. Phyc. Sinop. Gen. XXX. Sp. 59. Conferva Velley. Ag. Syst. Hab. sur le Fucus vesiculosus. Belle-Ile. Juillet.

E. FLACCIDA. Aresch. Ag. Sp. Alg. p. 11. Harvey, Phyc. t. 270. Synop. Sp. 60. Conferva Dilw. Hab. sur le Cystoseira granulata, dans les flaques, au Croisic. Mai.

E. STELLULATA. Duby, p. 972. Griff. Harv. Phyc. t. 261. Sp. 62. Myrionema. Ag. Conferva. Harv. Man. Hab. Parasite sur le Dictyota dichotoma. Eté.

E. SCUTULATA. Duby, p. 972. Ag. Harv. Phyc. et Man. Synops. Sp. 63. Hook. Bot. Fl. Hab. Parasite sur l'Himanthalia lorea. Belle-Ile, Croisic. Eté, automne.

E. VELUTINA. Fries. Harv. Phyc. Sp. 64, t. 28. B. Ag. Sp. Alg. p. 10. Sphacelaria ? Grev. Scot. Crypt. t. 350. Harv. in Hook. et Man. Hab. Parasite sur l'Himanthalia lorea. Belle-Ile, le Croisic. Été, automne.

MYRIONEMA. Harv. Phyc. Syn. XXXI.

M. STRANGULANS. Grev. Scot. Crypt. Fl. t. 300. Harv. Synop. Sp. 66, t. 280. Ag.

Sp. Alg. Batz. Hab. sur l'Ulva compressa. Croisic. Eté, automne.

M. leclancherii. Harv. Synop. Sp. 66. Ag. Rivularia. Chauv. Hab. sur les vieilles frondes du Rhodymœnia palmata et d'Ulva latissima. Croisic. Eté et automne.

CLADOSTEPHUS. Ag. Lyngb. Dasytricha. Lamour. Bonnemais.

C. verticillatus. Agardh. Syn. Lyngb. Duby, 963. Harv. Phyc. Gen. xxxii. Sp. 70. Clad. Myriophyllum. Ag. Conferva verticillata. Lightf. Hab. rochers et coralines. Belle-Ile. Juillet.

C. spongiosus. Agardh. Syst. p. 168. Duby, 964, n. 3. Harv. Phyc. Sp. 71. Ceramium spongiosum. DC. Fl. fr. 2, p. 38. Conferva spongiosa. Huds. Dilw. Fucus hirsutus Linn. Hab. au Croisic, Belle-Ile, Saint-Mars.

SPHACELARIA. Lyngb. p. 103. Ag. p. xxx. Harv. Phyc. Gen. xxxiii. Delisella Lyngbiella. Bory. Ceramii. DC.

S. scoparia. Lyngb. Ag. Harv. Synop. Sp. 74, t. xxxvii. Conferva Linn. Dilw. t. 52. Ceramium. Scop. DC. Fl. fr. 2, p. 41. Hab. rochers, dans les flaques, à marée basse. Croisic, Belle-Ile. Juillet, août.

S. cirrhosa. Ag. Syst. et Sp. Harv. Phyc. Sp. 76, t. 178. S. Pennata. Lyngb. t. 31. Conferva cirrhosa. Roth. Cat. Conf. Pennata. Dilw. Delisella pennata. Bory. Hab. Parasite sur plusieurs algues, les échantillons en forme de boule représentent la var. OEgagropila. Cueillis à Belle-Ile, en juillet, août, sur le Cystoseira fibrosa, ou jetés à la côte.

ECTOCARPUS. Ag. Syst. Alg. xxx et 161 Lyngb. Gaillon. Auduinellæ. Bory.

E. siliculosus. Lyngb. Ag. Harvey. Synop. Gen. xxxiv. Sp. 80. Hook. Conferva. Dillw. Hab. sur le Fucus serratus vesiculosus, etc. Au Croisic. Juillet.

E. fasciculatus. Harv. Man. et Phyc. Synop. Sp. 83, t. 273. E. Siliculosus. Var. Penicillatus et Cæspitosus. Ag. Sp. Hab. sur les lanières du Laminaria digitata, à Belle-Ile. Juin.

E. tomentosus. Lyngb. t. 44. Duby, p. 972, n. 3. Ag. Harv. Synop. Sp. 85. Conferva Lightf. Hab. sur les Fucus, Belle-Ile. Juillet.

E. firmus. J. Ag. Sp. Alg. p. 23. E. Siliculosus V. Firmus. Ag. E. Litteralis. Harv. Man. et Phyc. Synop. Sp. 90, t. 197. Conferva. Dillw. Hab. sur les Fucus, les Laminaria, Croisic, Belle-Ile, golfe du Morbihan. Printemps.

E. granulosus. Ag. Sp. Harv. Man. et Phyc. Synop. Sp. 92, t. cc. Conferva. E. Bot. ex-Harv. Hab. sur plusieurs algues et sur les rochers, à marée basse, Belle-Ile. Juillet.

E. brachiatus. Harv. Man. et Phycol. Synop. Sp. 94, t. iv. Hook. Fl. Brit. E. Cruciatus. Ag.

Hab. sur le Rhodymenia palmata. Belle-Ile.
Juin.

MYRIOTRICHIA. Harv. Phyc. Syn. Gen. xxv.

M. FILIFORMIS. Harv. Man. et Phycol. Synop.
Sp. 97, t. 156. Wyatt. Alg. Danm. n. 213. J. Ag.
Sp. 14. Hab. parasite sur le Chorda lomentaria,
et souvent mêlé au Myriotrichia clavœformis.
Belle-Ile. Eté.

II. Rhodospermeæ.

ORDRE VIIᵉ RHODOMELACÉES.

RHODOMELA. Ag. Bory. Gigartinæ. Lamour. Lyngb. Ceramii. DC. Bostrychia. Harv.

R. SCORPIOÏDES. Ag. Sp. Hook. Harv. Man.
Fucus. Huds. Fucus amphibius. Huds. Stackh.
Nereis. f. 4. Hab. au pied de l'Atriplex portula-
coïdes, dans les marais salants du département
de la Loire-Inférieure, au bord des étiers.

RYTIPHLOEA. Harv. Synop. Gen. xxxix.

R. PINASTROÏDES. Ag. Syn. J. Ag. Harv.
Synop. Sp. 102, t. 83. Rhodomela. Ag. Duby,
964. Hook. Brit. Fl. Fucus. Gmel. Hab. à marée basse, rochers, surtout vis-à-vis la grande
mer, au Croisic. Octobre.

R. COMPLANATA. Ag. Sp. Harv. Phyc. Sp. 103,
t. 170. Polysiphonia. Harv. Man. Fucus cristatus. Var. γ Articulatus. Turn. t. 23. Plocamium
cristatum. Lamour. Hab. flaques ombragées des
grands rochers, à marée basse. Belle-Ile. Eté,
automne.

R. THUYOÏDES. Harv. Phyc. Sp. 104, t. 221.
Polysiphonia. Harv. Man. Grammita rigidula.
Bon. Hab. rochers exposés aux vagues, Belle-
Ile. Eté, automne.

R. FRUTICULOSA. Harv. Phycol. Synop. Sp.
105, t. 210. Polysiphonia. Grev. Harv. in Hook.
et Man. Fucus. Turn. Hutchinsia. Wulfeni. Ag.
Hab. à marée basse, en touffes sur les rochers, et
parasite. C. Au Croisic. Septembre, octobre.

POLYSIPHONIA. Grev. Fl. édin. p. 308.
Hutchinsia Ag. Lyngb. Grammita. Bonnemais.

P. URCEOLATA. Grev. Harvey in Hook. Man.
et Phycol. Gen. XL. Sp. 106, t. 147. Hutchinsia.
Ag. Conferva. Dillw. n. 156. Hab. rochers, à
marée basse, dans les courants. Mars.

P. PULVINATA. J. Ag. Alg. Med. Harv. Phyc.
Sp. 108, t. 102. Hutchinsia. Ag. Conferva. Roth.
Cat. p. 187 et 194. Hab. en petites touffes sur les
rochers battus par les vagues. Belle-Ile. Juin,
juillet.

P. FIBRATA. Harv. in Hook. et Man. Phyco-
logie Sp. 109, t. 208. Conferva. Dillw. Grammita
decipiens. Bonnemais. Hab. rochers plats, sablonneux ou à corallines, à marée basse, Croisic,
Belle-Ile. Juillet.

P. ELONGATA. Grev. Harv. Phyc. Sp. 114.
Hutchinsia. Ag. Conferva. Dillw. Hab. pierres,
coquilles, dans les flaques, Croisic. Mars.

P. FIBRILLOSA. Grev. Harv. in Hook. Man.
et Phyc. Sp. 117. J. Ag. Alg. Med. Hutchinsia.
Ag. Conferva. Dillw. Hab. sur plusieurs algues,

sur les pierres, les rochers, à marée basse, Croisic, Belle-Ile. Juillet, septembre.

P. BRODIOEI. Grev. Harv. in Hook. et Man. Phyc. Sp. 118, t. 195. Hutchinsia. Lyngb. Ag. Conferva. Dillw. Hab. rochers, et parasite, presque à marée basse, Belle-Ile. Juillet, septembre.

P. VARIEGATA. J. Ag. Alg. Med. Harv. Phyc. Sp. 119, t. 155. Hutchinsia. Ag. Grammita peucedanoïdes. Bon. Hab. pierres, rochers, dans les lieux vaseux, éliers des marais salants du Croisic, Noirmoutier. Juillet, août.

P. OBSCURA. J. Ag. Alg. Med. p. 123. Harv. Phyc. Sp. 120, t. 102. A. Hutchinsia. Ag. Hab. Rampant en gazon sur les rochers. Belle-Ile. Septembre, octobre.

P. SIMULANS. Harv. Phyc. Sp. 121, t. 278. P. Spinulosa. Griff. in Harv. Man. p. 87. Hab. en touffes sur les rochers, dans les flaques, à marée basse, Belle-Ile. Septembre. Rare.

P. NIGRESCENS. Grev. Harv. in Hook. Man. et Phyc. Sp. 122, t. 277. Hutchinsia. Ag. P. Fucoïdes. Grev. Duby, p. 965. Conferva nigrescens et Fucoïdes F. B. Ex-Harv. t. c. Hab. rochers, au Croisic. Juillet.

P. SUBULIFERA. Harv. Man. et Phyc. Synop. Sp. 124, t. 227. Wyatt. Alg. Danm. n. 178. Hutchinsia. Ag. Hab. Jeté à la côte en touffes venant des bancs de sable coquillier ou sur le Zostera, Belle-Ile, Noirmoutier. Juin, octobre.

P. ATRORUBESCENS. Grev. Harv. Phyc. Synop.

Sp. 125. Hutchinsia. Ag. Conferva. Dillw. Polysiphonia agardhium. Grev. Grammita spirata. Var. β Bonnemais. Hab. sur les rochers, Noirmoutier. Avril.

P. FURCELLATA. Harv. in Hook. et Man. et Phycol. Synop. Sp. 126. Hutchinsia. Ag. Hab. sur des bancs de sable coquillier et sur des souches de Zostera. Eté.

P. FASTIGIATA. Grev. Harv. in Hook. Br. Fl. Phycol. Synop. Sp. 127. Hutchinsia. Ag. Lyngb. t. 33. Conferva polymorpha. Dillw. t. 44. Fucus scorpioïdes. Esp. t. 22. Hab. sur le Fucus nodosus, Croisic, Bourgneuf. Juillet.

P. PENNATA. J. Ag. Alg. Med. Hutchinsia. Ag. p. 102. Ceramium. Roth. Catal. Hab. Rampant sur les rochers ombragés et couverts de vase, à marée basse. Com. à Noirmoutier. Août.

P. BYSSOÏDES. Grev. Harv. in Hook. Brit. Fl. et Man. et Phycol. Sp. 129. Hutchinsia. Ag. Fucus. Good. et W. Conferva. Dillw. t. 58. Hab. rochers, pierres et parasite, à marée basse, Croisic, Noirmoutier. Eté.

DASYA. Harv. Phycol. Synop. Gen. xi, i.

D. COCCINEA. Ag. Harv. Phyc. Sp. 130. Conferva. Dillw. Ceramium coccineum. DC. Fl. fr. 2, p. 40. Duby, 969. Hab. les rochers profonds, obscurs. Belle-Ile. Juillet.

D. OCELLATA. Harv. in Hook. Br. Fl. et Man. et Phyc. Sp. 131, t. 40. D. Simpliuscula. Ag. Ceramium ocellatum. Grat. Hab. sur les rochers à pic et couverts de vase. Com. à Noirmoutier, port du Croisic. Août.

D. ARBUSCULA. Ag. Dillw. t. 85. Harv. Man. et Phyc. Syn. Sp. 132. J. Ag. Alg. Med. Conferva. Dillw. Dasya. Hutchinsiæ. Harv. Man. Hab. à marée basse, rochers ombragés exposés au choc des flots. Belle-Ile. Août.

ORDRE VIIIe. LAURENCIACEÆ.

BONNEMAISONIA. Agard. Harv. Phyc. Synop. Gen. XLII. Plocamium. Lam. Duby.

B. ASPARAGOÏDES. Ag. Hook. Harv. Man. et Phyc. Synop. Sp. 134 ,t. 51. Fucus. Wodw. Plocamium. Duby, p. 949 , n. 3. Hab. pierres, rochers, coquilles, souvent jeté à la côte. Croisic, Piriac, Belle-Ile. Juillet, août.

LAURENCIA. Lamour. Harv. Synop. Gen. XI , III.

L. PINNATIFIDA. Lamour. Fucus. Huds. Harv. Phyc. Synop. Sp. 135. Chondriæ. Ag. Hab. sur les rochers, au Croisic. Mars.

L. CŒSPITOSA. Lamour. Harv. Phyc. Synop. Sp. 136. L. Hybrida. Duby, p. 951. Chondria. Chauv. C. Pimatifida, Var. Angusta. Ag. Hab. dans les flaques, sur les pierres, Croisic. Mars.

L. OBTUSA. Var. Crouan. Harv. Phyc. Synop. Sp. 137.

L. PYRAMIDALIS. L. Pyramidalis de quelques auteurs. Hab. en touffes sur les rochers à coralline, Croisic. Septembre.

L. DASYPHYLLA. Var. Grev. var. Harv. Phyc. Synop. Sp. 138. Hab. sur les pierres, les rochers au voisinage de la vase, Croisic, Noirmoutier. Août, octobre.

Dans l'eau salée, cette variété donne des reflets azurés.

L. DASYPHYLLA. Grev. Harv. Phyc. Synop. Sp. 138. Chondria. Ag. Lomentaria. Gaill. Fucus. Woodw. Hab. sur les pierres, les rochers. Belle-Ile. Juillet.

L. TENUISSIMA. Grev. Chondria. Harv. Phycol. Synop. Gen. 139, t. 198. Chondria. Ag. Hab. sur le Zostera marina, à marée basse.

CHRYSYMENIA. J. Ag. Alg. Med. Harv. Phyc. Synop. Gen. xi, iv.

C. CLAVELLOSA. J. Ag. Alg. Med. Harv. Phycol. Synop. Sp. 140, t. 104. Chylocladia. Hook. Chondria. Ag. Fucus. Turn. Hab. Jeté à la côte, sur les pierres, les corallines, Croisic. Juillet.

LOMENTARIA. Gaill. Gigartinæ. Lamour. Chondriæ et Halmenia. Ag.

L. OVALIS. Gaill. Chylocladia. Hook. Brit. Fl. Harv. Phyc. Synop. Gen. xi, v. Sp. 142, t. 118, et Man. Chondria. Ag. Fucus. Huds. t. 711. F. Vermicularis. Gmel. Fucus. sedoïdes. Good. Stackh. t. 12. Hab. à marée basse, rochers, pierres, parasite, Croisic. Mars.

L. OVALIS. Var. Sub. articulata. Ag Sub. Chondria. Hab. à marée basse, rochers, pierres et parasite. Printemps.

L. ovalis. Var. Microphylla. Ag. Sub. Chondria. Lloyd. Hab. à marée basse, sur les rochers, les pierres et parasite ; golfe du Morbihan. Été.

L. kaliformis. Gaill. Duby, p. 950, n. 4. Chylocladia. Hook. Brit. Fl. Harv. Man. et Phycol. Synop. Sp. 143, t. 145. Chondria. Ag. Fucus. Woodw. Turn. Lamour. Hab. rochers, pierres et parasite, à marée basse. Mars.

L. reflexa. Chauv. Alg. de Normandie, n. 43. Desmaz. Crypt. n. 855. Chylocladia. Lenormand. Harv. Phyc. Synop. Sp. 144, t. 42. Hab. rochers recouverts de sable fin, à marée basse, à Bourgueuf.

L. parvula. Crouan in Desmaz. Chondria. Ag. Grev. Chylocladia. Hook. Harvey, Phycol. Synop. Sp. 145. Hab. eau profonde, parasite, sur le Fucus Tuberculatus, Serratus, Polyides, Furcellaria, etc. Belle-Ile. Septembre.

L. articulata. Lyngb. t. 30. A. Chondria. Ag. Chylocladia. Hook. Harvey, Phycol. Synop. Sp. 140, t. 288. Fucus articulatus. Lightf. Stack. 8. Turn. t. 106. Eng. Bot. t. 1574. Ulva articulata. DC. Fl. fr. 2, p. 7. Hab. parasite, sur les rochers. Belle-Ile. Juillet.

ORDRE IXᵉ. CORALLINACEÆ.

CORALLINA. Ellis. Harv. Phyc. Synop. Gen. I, VI.

C. officinalis. Linn. Ellis. Esper. t. 3. Lamour. Harv. Phycol. Synop. Sp. 147. Hab. rochĕrs. Croisic , commun partout.

C. squamata. Theat. Park. Ellis. t. 24. Lamour. Harv. Phycol. Synop. Sp. 149, t. 201. Hab. les flaques , les rochers, à marée basse. Belle-Ile.

JANIA. Lamour. Harv. Phyc. Synop. Gen. xi, vii.

J. rubens. Lamour. Polyp. Coral. Descaiac. Harv. Phycol. Synop. Sp. 150 , t. 252. Hab. parasite , sur plusieurs algues, Croisic. Août.

ORDRE X^e. DELESSERIACEAE.

DELESSERIA. Lamour. Gaill. Harv. Phyc. Synop. G. 1, 1.

D. sanguinea. Lamour. Ag. Hook. Brit. Fl. Man. et Phycol. Synop. Sp. 163, t. 151. Fucus sang. Turn. t. 36. Stackh. Hab. dans les flaques des grands rochers profonds , sur les côtes ombragées, Croisic. Avril , mai.

D. sinuosa. Lamour. Duby , p. 946. Ag. Hook. Harv. Phyc. Synop. Sp. 164 , t. 249. Fucus. Good. F. Rubens. Stackh. Hab. sur les grandes algues. Belle-Ile. Juillet.

D. alata. Lamour. Ag. Hook. Harv. Phyc. Synop. Sp. 165. Fucus. Huds. Stackh. Hab. sur les grandes algues , Croisic. Juillet.

D. hypoglossum. Lamour. Ag. Harv. Phycol.

Synop. Sp. 167. Hab. sur les rochers obscurs, grottes, Belle-Ile. Juillet.

Il existe une variété de cette plante à forme plus étroite. Lloyd.

D. RUSCIFOLIA. Lamour. Ag. Duby, p. 946. Hook. Brit. Fl. Harv. Man. et Phycol. Synop. Sp. 168, t. 26. Fucus. Turn. Hab. rochers et parasite, à marée basse, dans les grottes, Belle-Ile. Juillet, août.

NITOPHILLUM. Grev. Harv. Phyc. Synop. Gen. 52.

N. PILLIAE. Grev. Alg. Brit. Harv. Phycol. Synop. Sp. 170, t. 169. N. Ulvoïdeum. Hook. Brit. Fl. Delesseria hillia. Grev. Scot. Crypt. Fl. t. 351. Hab. à marée basse, flaques profondes, ombragées, Belle-Ile. Juin, juillet.

N. LACERATUM. Grev. Hook. Brit. Fl. Harv. Man. et Phycol. Synop. Sp. 173, t. 267. Delesseria. Ag. Fucus. Gmel.

PLOCAMIUM. Lamour. Harv. Phyc. Synop. G. I, III.

P. COCCINEUM. Lyngb. Hyd. t. 9. Hook. Brit. Fl. Harv. Man. et Phycol. Synop. Sp. 175, t. 44. P. Vulgare. Lamour. Delesseria coccinea. Ag. Fucus. Huds. Hab. rochers et parasite, à marée tout-à-fait basse, Croisic. Septembre, octobre.

ORDRE XIᵉ. RHODYMENIACEAE.

RHODIMENIA. Harv. Phyc. Synop. Gen. I, V.

R. **bifida**. Grev. Hook. Brit. Fl. Harv. Man. et Phycol. Synop. Sp. 177, t. 32. Delesseria. Lamour. Sphœrococcus. Ag. Fucus. Good. et W. Linn. vol. 3. Turn. t. 154. Hab. Jeté à la côte, en boule, sur les pierres, les souches de Zostera, les coquilles, les Melobosia. Belle-Ile, le Morbihan.

R. **laciniata**. Grev. Alg. Brit. Hook. Brit. Fl. Harv. Man. et Phycol. Synop. 178, t. 121. Sphœrococcus. Hyngb. Hyd. t. 4. Ag. Fucus. Huds. E. Bot. t. 1068. Turn. Esper. Ic. t. 140. Stackh. Fucus crispus. Esp. t. 18. Delesseria ciliaris. Lam. Hab. sur les rochers, dans les grottes, à marée basse, et sur la tige du Laminaria digitata ; le plus souvent jeté à la côte, Belle-Ile, le Croisic. Eté, automne.

R. **ciliata**. Grev. Hook. Harv. Phycol. Synop. Sp. 181. Sphœrococcus. Ag. Halymenia. Lamour. Duby, p. 95, n° 17. Fucus. Huds. Hab. pierres et rochers, en eau profonde, Noirmoutier. Avril.

R. **jubata**. Grev. Hook. Harv. Phycol. Synop. Sp. 182, t. 175. Sphœrococcus Var. Ag. Hab. rochers, marée basse. Juin.

R. **jubata**. Var. Linearis. Grev. Sphœrococcus ciliatus. Var. Linearis. Ag. Halymenia. Duby, Turn. Fucus. Var. β Stackh. Esp. t. 136. Hab. rochers profonds, Croisic. Mars.

R. **palmata**. Grev. Hook. Harv. Phycol. Synop. Sp. 183. Halymenia. Ag. Duby, p. 944, n° 16. Ulva palmata. DC. Fl. fr. 2, p. 12. Fucus palmatus. Linn. Turn. Hab. rochers et parasite, le pilier, près Noirmoutier. Avril.

R. PALMATA. Var. Sobolifera. Harv. Phycol. 218. Hab. sur le Fucus serratus, à Lockmariaker. Mars.

SPHŒROCOCCUS. Ag. Harv. Phycol. Synop. Genre LVI.

S. CORONOPIFOLIUS. Ag. Hook. Harv. Man. et Phycol. t. 61. Synop. Sp. 184. Gelidium. Lamour. Duby, p. 948, n° 5. Fucus. Good. et Wood. Stackh. t. 14. Turn. t. 122.

GRACILARIA. J. Ag, Alg. Med. Harv. Phyc. Synop. G. LVII.

G. MULTIPARTITA. J. Ag. Harv. Phyc. Synop. Sp. 185. Rhodomenia. Hook. Brit. Fl. Harv. Man. Sphœrococcus. Ag. Gracilaria polycarpa. J. Ag. Chondrus agathoïcus. Lamour. Hab. rochers, pierres, à marée basse, sur la vase. Septembre et octobre.

G. COMPRESSA. Grev. J. Ag. Harvey, Phycol. Synop. Sp. 186, t. 205. Gigartina. Hook. B. Fl. Harv. Man. Sphœrococcus. Ag. Hab. en touffes sur les pierres dans les courants, à marée basse. Juillet, septembre.

G. CONFERVOÏDES. Grev. Harv. Phycol. Synop. Sp. 187, t. 65. Gigartina. Lamour. Duby, p. 952. Sphœrococcus. Ag. Hypnœa. J. Ag. Al. Med. Fucus. Linn. F. Verrucosus. Stackh. Nereis. t. 8. Hab. rochers, au Croisic. Septembre.

G. CONFERVOÏDES. Var. Procerrima. Sphœrococcus conf. Var. Procerrimus. Ag. Fucus. Turn.

Esp. t. 92. Ceramium longissimum. Roth. **Hab.**
pierres, rochers, Croisic. **Août, septembre.**

HYPNŒA. Lamour. Harv. Phycol. Synop.
G. LVIII.

H. PURPURASCENS. Harvey. Phycol. Synop.
Sp. 189, t. 116. Gigartina. Lamour. Harv. **Man.**
Hook. Sphœrococcus. Ag. Fucus Huds. **Hab.**
pierres, rochers, parasite, Croisic, Belle-Ile.
Juillet, août.

ORDRE XIIe. CRYPTONEMIACEAE.

GRATELOUPIA. Harv. Phycol. Synop. G.
LIX.

G. FILICINA. Ag. Hook. Br. Fl. Harv. Man. et
Phycol. Synop. Sp. 190, t. 100. Fucus. Wulf.
Esp. t. 67. Hab. sur les pierres, les rochers,
dans les courants. Com. au Croisic. Septembre,
octobre.

G. DICHOTOMA. J. Ag. Alg. Med. p. 103. Kultz.
Alg. p. 732. Hab. dans les flaques des rochers,
Belle-Ile. Juin, septembre.

GELIDIUM. Lamour. Harv. Phyc. Syn. G. LX.

G. CORNEUM. Lamouroux, Hook. Harv. Phycol.
Synop. Sp. 191. Fucus. Huds. Hab. sur les ro-
chers, à la limite des grandes marées basses,
Belle-Ile. Septembre.

G. CORNEUM. Var. Capillaceum. Grev. Harv.
Man. et Phycol. 53. V. E. Hab. rochers, à
marée basse, Croisic. Eté.

G. CORNEUM. V. Claviferum. Hab. à marée basse, en touffes sur les grands rochers exposés aux vagues, Belle-Ile. Septembre.

G. CORNEUM. Var. Clavatum. Hook. Harv. Man. et Phycol. Sphærococcus corneus. Var. Clavatus. Ag. Gelidium clavatum. Lamour. Desmaz. nº 207. Fucus pusillus. Stackh. Hab. rochers non exposés aux vagues, Belle-Ile. Septembre.

G. CORNEUM. Var. Latifolium. Grev. Harv. Phycol. t. 53, f. 3. Hab. rocher, Belle-Ile, Croisic, Noirmoutier, golfe du Morbihan.

G. CORNEUM. Var. Crinale. Harv. Lamour. Fucus. Turn. t. 198. Stackh. Nereis. t. 17. Hab. rochers, Belle-Ile, Croisic, Noirmoutier, etc.

GIGARTINA. Gaill. Harv. Phycol. Synop. Gen. LXI.

G. PISTILLATA. Lamour. Duby, 953. Hook. Harv. Phyc. Synop. Sp. 193. Fucus. Gmel. t. 18. Turn. Sphærococcus. Gigartinus. Ag. Hab. rochers plats couverts de sable mêlé de vase, à la limite des grandes marées basses, Belle-Ile. Septembre.

G. ACICULARIS. Lamour. Duby, 953, nº 10. Hook. Brit. Fl. Harv. Man. et Phycol. Synop. Sp. 194. Sphærococcus. Ag. Fucus. Turn. Hab. rochers, pierres, à marée basse, Croisic. Septembre, mars.

G. TEEDII. Lamour. Duby, p. 952. Hook. Brit. Fl. Harv. Man. et Phycol. Synop. Sp. 195.

Sphœrococcus. Ag. Fucus. Turn. Ceraminm. Roth. Cat. 3, t. 4. Hab. pierres, rochers, à marée basse, Croisic, golfe du Morbihan. Septembre, octobre.

G. MAMIILLOSA. J. Ag. Harv. Man. et Phycol. Synop. Sp. 196. Chondrus. Gaill. Duby, 947, n° 2. Sphœrococcus. Ag. Fucus. Turn. Hab. rochers, Belle-Ile. Septembre.

SOLIERIA. J. Ag. Alg. Med. Lloyd, non Harv.

S. CHORDALIS. J. Alg. Med. p. 157. Delesseria. Ag. Gigartina gaditana. Montagne. Hab. rochers, pierres, coquilles, à marée basse, Lockmariaker, Saint-Gildas-de-Ruiz. Mars.

CHONDRUS. Lamour. Harv. Phycol. Synop. Gen. LXII.

C. CRISPUS. Duby, 947, n° 3. Lyngb. Harv. Phycol. Synop. Sp. 197, t. 63, et Man. Sphœrococcus. Ag. Var. Patens, Chondrus polymorphus. Lamour. Fucus. Lamour. Dis. fig. 12, 13, 28. Hab. rochers profonds, Saint-Mars, Belle-Ile. Juillet.

C. NORVEGICUS. Lamour. Duby, p. 947, n° 4. Harv. Man. et Phycol. Synop. Sp. 198, t. 187. Sphœrococcus. Ag. Fucus. Turn. hist. t. 41. Esp. lc. t. 153. Hab. rochers, à marée basse, Croisic. Mars, octobre.

PHYLLOPHORA. Harv. Phycol. Synop. Gen. LXIII. Halymenia. Duby.

P. RUBENS. Grev. Hook. Brit. Fl. Harv.

Phycol. Synop. Sp. 199 , t. 131. Sphœrococcus. Ag. Delesseria rubens. Lamour. Fucus. Linn. Turn. Stack. Nereis. Fucus epiphyllus. Fl. dau. t. 708. Hab. à marée basse, dans les flaques, Belle-Ile, le Croisic, etc.

GYMNOGONGRUS. Harv. Phycol. Synop. Gen. LXV.

G. GRIFFITSIAE. Harv. Phycol. Synop. Sp. 204, t. 108. Kutz. p. 788. Sphœrococcus. Ag. Gigartina. Lamour. Lyngb. Hyd. t. 11. Hook. Brit. Fl. Harv. Mau. Polyides, Gaill. Duby, p. 953. Chondrus. J. Ag. Alg. Med. Hab. rochers, à marée basse, ou dans les flaques, souvent avec le Gymnogongrus plicatus et le Gracilaria confervoïdes, Belle-Ile, le Croisic, Noirmoutier. Eté, automne.

G. PLICATUS. Harv. Phycol. Synop. Sp. 205, t. 288. Gigartina. Harv. Mau. Lamour. Hook. Grev. Sphœrococcus. Ag. Fucus. Gmel. t. 14, f. 2. Stackh. t. 7. Hab. en touffes sur les rochers profonds, le Pilier, près Noirmoutier, Belle-Ile. Avril, septembre.

POLYIDES. Gaillon, Duby, Harv. Syn. Gen. LXVI.

P. ROTUNDA. Gaillon, Duby, p. 953. Harv. Synop. Sp. 206. Fucus rotundus. Gmel. Polyides lumbricalis. Ag. Chauvin. Spongiocarpus rotundus. Grev. Hab. sur toutes les rives de l'Océan.

P. ROTUNDA. Var. Fastigiata. Ag. Duby, p. 953. Fucus fastigiatus. Esper. t. 16. Hab. sur les rives de la Bretagne.

FURCELLARIA. Harv. Phycol. Syn. Gen. LXVII.

F. FASTIGIATA. Lamour. Hook. Harv. Phycol. Synop. Sp. 207, t. 94 et 357. α Ag. Fucus. Huds. Gmel. F. Lumbricalis. Gmel. Hab. rochers plats, profonds, Belle-Ile. Septembre.

DUMONTIA. Lamour. Harv. Phycol. Syn. G. LXVIII.

D. FILIFORMIS. Grev. Hook. Harv. Phycol. Synop. Sp. 208. D. Incrassata. Lamour. Duby, p. 941. Halymenia filiformis. Ag. Hab. sur les pierres et dans les flaques des rochers, Croisic. Mars.

D. FILIFORMIS. Var. Crispata. Grev. Harv. Phyc. t. 39. Halymenia. Ag. Hab. pierres, rochers, dans les courants, Sain-Mars, golfe du Morbihan. Mars.

HALYMENIA. Harv. Phycol. Syn. Genre LXIX.

H. LIGULATA. Ag. Harv. Phycol. Synop. Sp. 209, t. 112. Ulva rubra. E. Bot. t. 1627. Hab. Jeté à la côte, Noirmoutier. Juin, août. Forme Dichotome α Dichotoma. Harv. Phyc.

H. LIGULATA. Var. γ Latifolia. Harv. Phyc. Ag. Grev. Alg. Brit. t. 17. Hook. Brit. Fl. Harv. Man. et Phycol. t. 112. Wodw. E. B. 420. Hab. pierres, coquilles, à marée basse. Juillet. Plus rare au Croisic.

H. LATIFOLIA. Crouan. H. Ferrari. Lel. et Prouhel. Hyd. du Morb. Hab. sur les rochers ; plus souvent jeté à la côte sur les pierres, les

coquilles, golfe du Morbihan ; rare au Croisic.
Septembre.

GINANNIA. Hrav. Phycol. Synop. Gen. LXX.

G. FURCELLATA. Mont. Harv. Phycol. Synop.
Sp. 210, t. 69. Halymenia. Ag. Hook. Brit. Fl.
Harv. Man. Ulva. Túrn. U. Interrupta. Poir.
DC. Dumontia triquetra. Lamour. Hab. rochers,
pierres, coquilles, eau profonde, banc de
sable coquillier, Croisic, Belle-Ile. Août, sep
tembre.

IRIDŒA. Harv. Phycol. Synop. Gen. LXXII.

I. EDULIS. Bory. Grev. Alg. Brit. t. 17.
Hook. Harv. Man. et Phycol. Sp. 213, t. 97.
Halymenia Ag. Delesseria. Lamour. Fucus.
Stackh. Carnosus. Esper. Ulva lactuca. Esper.
t. 64. Hab. rochers, à marée basse et au-dessous.

CATENELLA. Harv. Phycol. Synop. Gen.
LXXIII.

C. OPUNTIA. Grev. Hook. Harv. Phycol. Syn.
Sp. 214. Halymenia? Ag. Hab. grottes, rochers
obscurs, presque à marée haute. Quiberon.
Septembre.

CRUORIA. Fries. ex-Harv. Phyc. Synop.
Gen. LXXIV.

C. PELLITA. Fries. Harvey, Phycol. Synop.
Sp. 215, t. 117. Chœtophora. Lyngb. Hed. t. 66.
Hab. en plaque sur les rochers lisses, Belle-Ile.
Juin, octobre.

NACCARIA WIGGII. J. Ag. Alg. Med. Harv.
Man. et Phycol. Synop. Sp. 216. Chœtospora.

Ag. Hook. Chauv. p. 94. Hypnœa. Lamour. Duby, Fucus. Turn. Hab. Cette rare espèce était jetée à la côte de Belle-Ile, du Croisic, en juillet et août 1848.

M. Impot l'a trouvée aussi à Noirmoutier.

GLOIOSIPHONIA. Carm. Berk. Harv. Phyc. Syn. G. LXXVI.

G. CAPILLARIS. Glean. t. 17, f. 3. Harv. Man. et Phycol. Synop. Sp. 217, t. 57. Mesogloia. Ag. Dumontia. Crouan. Desmaz. n° 815. Fucus. Huds. Turn. E. Bot. t. 2190. Hab. en petites touffes sur les pierres, à marée basse, Croisic. Mai.

NEMALEON. Duby, Harv. Phyc. Synop. Gen. LXXVII.

N. MULTIFIDUM. J. Ag. Chauv. Harv. Phycol. Synop. Sp. 218, t. 36. Mesogloia. Ag. Duby, p. 962. Rivularia. Bot. Cat. Hab. sur les rochers, à marée presque basse, Belle-Ile. Juillet.

N. MULTIFIDUM. Var. Simplicior. Ag. (sub. Mesogloia). Var. Simplex. N. Lubricum. Duby, Chauvin. J. Ag. Chordaria nemaleon. Ag. Hab. rochers rudes exposés aux flots, à marée haute, Belle-Ile. Juillet.

N. PURPUREUM. Chauv. Recherc. p. 57. Harv. Phycol. Synop. Sp. 219, t. 161. Mesogloia. Harv. in Hook. et Man. Dumontia. Calvadosii. Lamour. Duby, p. 941. Hab. rochers plats. Belle-Ile. Septembre.

DUDRESNAIA. J. Ag. Harv. Phycol. Synop. Gen. LXXVIII.

D. **DIVARICATA**. J. Ag. Alg. Med. Harv. Phycol. Syuop. Sp. 220, t. 110. Mesogloia. Ag. Mesogloia Hudsoni. Harv. Man. Hab. sur les rochers profonds, parasite ordinaire, sur le Polyides Rotundus. Belle-Ile. Juillet, août.

D. **COCCINEA**. Bonnem. Crouan. Mesogloia. Ag. Harvey in Hook et Man. Hab. jeté à la côte sur les racines du Zostera Marina décomposé. Belle-Ile. Juillet.

CROUANIA. Harv. Phycol. Synop. Gen. **LXXIX**.

C. **ATTENUATA**. J. Ag. Al. Mod. p. 83. Harv. Phycol. Synop. Sp. 222, t. 106. Crouan. Aun. sci. nat. 1249. Mesogloia. Ag. Batrachospermum. Bon. Mesogloia Monilifor. Griff. in Wyatt. Alg. Dan. n° 197. Harv. Man. Griffitsia Nodulosa. Ag. Callithamnium Attenuatum. Kutz. Hab. à marée presque basse, parasite sur plusieurs petites algues. Belle-Ile. Juin et septembre.

ORDRE XIII°. CORAMIACEA.

PTILOTA. Harv. Phycol. Synop. Gen. **LXXX**.

P. **PLUMOSA**. Ag. Plocamium. Lamour. Harv. Phyc. Synop. Sp. 322. Fuens. Huds. Ptilota. Elegans. Bon. Hab. rochers à pic, obscurs. Belle-Ile.

MICROCLADIA. Harv. Phycol. Synop. Gen. **LXXXI**.

M. **GLANDULOSA**. Grev. Hook. Brit. Fl. Harv.

Man. et Phycol. Synop. Sp. 225 , t. 29. Delesseria. Ag. Fucus. Turn. Hab. le Croisic. Août, octobre.

M. CHORDARIOEFORMIS. Crouan. Hab. rochers à marée basse. Belle-Ile. Septembre.
Voir l'observation de M. Lloyd.

CERAMIUM. Lyngb. Harv. Phyc. Synop. Gen. LXXXII.

C. RUBRUM. Ag. Hook. Brit. Fl. Harv. Phycol. Synop. Sp. 226, t. 181. Conferva. Huds. Dillw. t. 34. Boryna Variabilis. Bon. Hab. rochers et parasite à marée basse. Août. C. sur toute la côte.

C. RUBRUM. Var. Diaphanum. Duby, p. 966. C. Forsipatum. DC. Fl. fr. 46. Hab. rochers et parasite. Mars.

C. DIAPHANUM. Var. Minor. Crouan. in Desmaz. n° 1008. Hab. sur les feuilles dn Zostera Marina. Croisic. Automne.

C. GRACILLIMUM. Griff. et Harv. Phyc. Syn. Sp. 231 , t. 206. Hormoceras Kutz. Ceramium Diaphan. V. Arachnoïdes. Ag. Hab. sur les autres algues, à marée basse. Août, septembre.

C. NODOSUM. Griff. et Harv. Phycol. Synop. Sp. 233 , t. 90. Hook. Fl. brit. t. 90. Kutz. ex Harv. Hab. en touffe sur beaucoup d'algues. Croisic. Juillet.

C. ECHIONOTUM. J. Ag. et Harv. Phycol. Syn. Sp. 236 , t. 142. Hab. rochers, pierres et parasite. Juin.

C. ACANTHONOTUM. Carm. Harv. Phycol. Syn. Sp. 237, t. 140. Hab. rochers rudes, sur les moules. Croisic, Batz (Loire-Inférieure). Mars, mai.

C. CILIATUM. Ducluz. Lyngb. Lyd. t. 37. Ag. Harv. in Hook. et Man. et Phycol. Synop. Sp. 238, t. 139. Conferva Dillw. t. 53. Hab. rochers, pierres et parasite. Mars, mai.

TRENTEPOHLIA. Hass. p. 75.

T. PULCHELLA. Ag. p. 37. Hassall. p. 75, t. 8, f. 2. Harv. in Hook. et Man. Conferva Hermann. Roth. Cat. Auduinella. Duby. Chantransia Nana. Mougeot, n° 594. Hab. sur le Lemania Torulosa, dans la Moine, à Clisson. Juin.

BULBOCHOETE. Ag. Hassall. p. 210.

B. SETIGERA. Ag. Hassall. p. 210, pl. 54, f. 1, 2, 3, 4. Harv. inHook. et Man. Conferva. Roth. Cat. 3, t. 8, f. 1. Conferva Vivipara. Dillw. t. 59. Hab. commun. dans les marais d'eau douce de l'Erdre, sur les plantes aquatiques. Avril, mai.

SPYRIDIA. Harv. Phycol. Synop. Gen. LXXXIII.

S. FILAMENTOSA. Harv. in Hook. Brit. Fl. et Man. et Phycol. Synop. Sp. 239, t. 46. Ceramium. Ag. Fucus. Wulf. Hab. rochers, à marée basse. Noirmoutier. Eté.

GRIFFITHSIA. Ag. Chauvin. Harv. Phycol. Synop. Gen. LXXXIV.

G. EQUISETIFOLIA. Ag. Chauv. Harv. Phycol.

Synop. Sp. 240, t. 67. Conferva. Dillw. Ceramium. Duby, p. 968. DC. Fl. fr. p. 39. Hab. rochers profonds. Croisic, Belle-Ile. Septembre.

G. CORALLINA. Ag. Harv. in Hook. et Man. Conferva. Dillw. Ceramium. Bory. Duby, 968. Hab. rochers, pierres et parasite, à marée basse. Croisic. Septembre, octobre.

G. SECUNDIFLORA. J. Ag. Alg, Med. Harv. Phycol. Synop. Sp. 245, t. 185. Ceramium Corallinum. Var. Majus. Desmaz. n° 1032. Hab. à la limite des grandes marées. Belle-Ile. Septembre, octobre.

G. SETACEA. Ag. Harv. Phycol. Synop. Sp. 246, t. 99. Conferva. Dillw. Ceramium. Duby. Hab. rochers profonds. Bouin, Noirmoutier. Avril.

G. MULTIFIDA. Ag. Wrangelia. Harv. Phycol. Synop. Gen. 85. Sp. 247. Conferva. Huds. Ceramium. Casuarinæ. DC. Fl. fr. 2, p. 40. Duby, p. 978. Hab. rochers, jeté à la côte. Belle-Ile. Juillet.

CALLITHAMNION. Lyngb. Hyd. Harv. Phyc. Syn. Gen. LXXXVII.

C. PLUMULA. Lyngb. Harv. in Hook. et Man. et Phycol. Synop. Sp. 249, t. 242. Ceramium. Ag. Duby, 969. Conferva. Ellis. Dillw. Hab. rochers ombragés et parasite, à marée basse, Croisic. Mars, mai et en été.

C. TURNERI. Ag. Harv. in Hook. et Man. et Phycol. Synop. Sp. 252, t. 179. Ceramium. Roth. Cat. Duby, p. 970, n° 24. Conferva. Dillw. t. 100.

Hab. rochers profonds, sur les Corallines, le Polyides rotundus, etc. Belle-Ile. Juillet.

C. PLUMA. Ag. Harv. in Hook. et Man. et Phycol. Synop. Sp. 254, t. 296. Conferva. Dillw. Duby, p. 970, n° 26. Hab. sur les tiges du Laminaria digitata, Croisic, Belle-Ile. Eté, automne.

C. TETRAGONUM. Ag. Harv. in Hook. et Man. et Phycol. Synop. Sp. 257. Ceramium. Ag. Duby, 968. Hab. parasite, sur les grandes Algues, à marée basse, Belle-Ile, Croisic. Juillet, octobre.

C. TETRICUM. Ag. Harv. Phycol. Synop. Sp. 259, t. 98. Conferva. Dillw. Duby, p. 968, n° 11. Hab. sur les rochers, Croisic. Septembre.

C. HOOKERII. Ag. Harv. Phycol. Synop. Sp. 269, t. 279. Conferva. Dillw. t. 106. Hab. parasite, sur plusieurs Algues et surtout sur le Callithamnion tetricum, à Batz. Septembre.

C. ROSEUM. Harv. Phycol. Synop. Sp. 261, t. 230, et in Hook. Brit. Fl. et Man. Wyatt. Hab. à marée presque basse, sur les rochers et les Fucus, dans les endroits vaseux, port du Croisic. Mars et avril.

C. BYSSOÏDEUM. Arn. in Hook. Harv. Phycol. Synop. Sp. 262, t. 262. Hab. rochers et pierres, à marée basse, le Fain, entre Bouin et Noirmoutier. Août.

C. BORRERI. Ag. Harv. Phycol. Synop. Sp. 266, t. 159. Ceramium seminudum. Bon. Conferva borreri. E. Bot. ex-Harv. Hab. rochers du Fain, entre Bouin et Noirmoutier. Avril.

C. THUYOÏDEUM. Ag. Harv. in Hook. et Man. et Phycol. Syn. Sp. 270, t. 269. C. Tripinnatum. Harv. in. Hook. non Ag. Wyatt. Alg. dan. n° 186. Ceramium thuyoïdes. Ag. Duby, p. 970. Conferva. El. Bot. t. 2208. Hab. rochers ombragés, à marée bassse.

C. CORYMBOSUM. Ag. Harv. in. Hook. et Man. et Phycol. Syn. Sp. 271, t. 272. Conferva. E. Bot. t. 2352. Ceramium corymb. Bory, Duby, p. 969, n° 19. Hab. parasite, sur plusieurs Algues à marée basse, Croisic, Noirmoutier. Eté.

C. SPONGIOSUM. Harv. in Hook. Brit. Fl. et Man. et Phycol. Synop. Sp. 272, t. 125. Hab. sur la pente des rochers profonds, Belle-Ile. Juillet, août.

C. PEDICELLATUM. Ag. Harv. in Hook. et Man. et Phycol. Synop. Sp. 273, t. 222. Conferva. Dillw. t. 108. Monosporus. Solier in Castagne. Cat. Hab. en touffe sur les rochers découverts aux grandes marées, Croisic, Belle-Ile. Juillet, octobre.

C. ROTHII. Lyngb. Hyd. t. 41. Ag. Harv. in Hook. et Man. et Phycol. Synop. Sp. 274, t. 120. Ceramium. Ag. Duby, p. 971 Conferva. Roth. Dillw. Hab. Forme une croûte étendue sur les rochers ombragés ou dans les grottes, à marée haute. Belle-Ile.

C. FLORIDULUM. Ag. Harv. in Hook. et Man. et Phycol. Synop. Sp. 275, t. 120. Hab. en gazon sur les rochers couverts de sable, à marée basse, Croisic. Toute l'année.

C. DAVIESII. Ag. Harv. Phycol. Syn. Sp. 278. Conferv. Dillw. Ceramium. Duby, 971, n° 29. Hab. sur les petites Algues, flaques chauffées par le soleil, Belle-Ile. Juin, septembre.

C. SCOPULORUM. Ag. Syst. 132. Ceramium. Duby, 970. Hab. côté ombragé des rochers, à marée haute, sur le phare d'Aiguillon. Juin. juillet.

RIVULARIA. Roth. Cat. Raphidia. Hass.

R. ANGULOSA. Roth. Cat. Ag. Harv. in Hook. et Man. Raphidia. Hassal. Brit. Freeschv. t. 65. Gaillardotella natans. Bory. Hab. sur les herbes aquatiques, dans les étangs, les marais d'eau douce, puis flottant à la surface, Saint-Julien-de-Concelles (Loire-Inférieure). Juin.

III. Chlorospermeae.

ORDRE XIVe SIPHONACEAE.

CODIUM. Ag. Syst. 177. Harv. Phycol. Syn. Gen. LXXXVIII.

C. BURSA. Ag. Hook. Brit. Fl. Harv. Man. et Phycol. Synop. Sp. 280. Spongodium. Lamour. Alcyonium. Linn. Fucus. Turn. Hab. rochers maritimes couverts de sable fin.

C. ADHOERENS. Ag. Harv. Man. et Phycol. Synop. Sp. 281, t. 35. Kutz. p. 502. Hab. sur les rochers, où il forme un velours uni ou crêté. Belle-Ile. Juin, octobre.

C. TOMENTOSUM. Stackh. Ag. Hook. Harv,
Phycol. Sp. 283. Fucus tomentosus. Huds.
Spongodium tomentosum. Lamour. Hab. rochers.
Belle-Ile. Août.

BRYOPSIS. PLUMOSA. Ag. Harv. Man. et
Phycol. Synop. Sp. 284, t. 3. B. Lyngbioei.
Fl. dan. t. 1063. Ulva plumosa. Huds. E. Bot. t.
2375. Hab. pierres, rochers, dans les courants
des étiers des marais salants, Noirmoutier. Août,
septembre. (Rare.)

B. HYPNOÏDES. Lamour. Journ. Bot. 1809, t. 1,
f. 2. Hook, Harv. Man. et Phycol. Synop. Sp.
285, t. 119. B. Arbuscula. Ag. Hab. parasite, sur
beaucoup d'autres Algues. Août, septembre.

VAUCHERIA. DC. in Vauch. conf. p. 25.
Fl. fr. 2, p. 46. Harv. Phyc. Syn. Gen. xc.

V. CRUCIATA. DC. Fl. fr. Ag. Ectosperma.
Vauch. conf. t. 2, f. 6. Hab. les marais d'eau
douce de Saint-Julien-de-Concelles (Loire-Inférieure). Juin.

V. RACEMOSA. D. C. Lyngb. t. 23. Conf. Ag.
Sp. Harv. Man. Hass. t. 3, f. 2. Ectosperma.
Vauch. Hab. fossés, mares, Ancenis (Loire-
Inférieure). février.

HYDROGASTRUM. Desv, Journ. Bot. Bory.
Vaucheria. Ag.

H. GRANULATUM. Desv. obs. plant. d'Angers,
p. 19. Botrydium. Grev. Hook. Harv. Man.
Hassal. Freshw. t. 77, f. 5. Botry. Argillaceum.
Wallr. Ulva. Linn. Tremella. El. Bot. t. 324.
Vaucheria radicata. Ag. Rhizococcum crepitans,

Desmaz. n° 503. Hab. sur la terre humide, bords des eaux, étangs, mares, desséchés, environs de Nantes. Eté, automne.

ORDRE XV°. CONFERVACEAE.

ZYGNEMA. Ag. Syn. 98. Lyngb. 170. Conferva. DC. Fl. fr. Conjugata. Vauch.

Z. NITIDUM. Ag. Syst. Harv. in Hook. et Man. Conferva, Dillw. Conjugata princeps. Vauch. conf. t. 4. Hab. dans les fossés, dans les étangs d'eau douce, Nantes. Juin.

Z. QUININUM. Ag. Syst. Harv. in Hook. et Man. Hass. p. 28, 1 et 2. Spirogyra. Link. Zyg. Longatum et Condensatum. Ag. Syst. Conjugata porticalis. Vauch. conferva t. 5, f. 1. Conferva condensata t. 5, f. 2. Longata t. 6, f. 1. Hab. fossés, mares, étangs d'eau douce, Thouaré, près Nantes. Décembre.

TYNDARIDEA. Harv. Man. Desmaz. n° 202.

T. CRUCIATA. Harv. Conjugata. Vauch. t. 6, f. 4. Zygnema. Ag. Duby, 976. Hab. mares, fossés, Thouaré. Novembre.

MOUGEOTIA. Ag. Syst. Zygnema Duby, Ag.

M. GENUFLEXA. Ag. Syst. Harv. in Hook. et Man. Hass. Britisch. Freshw. t. 40, f. 2. Zygnema. Ag. Synop. Duby, p. 977. Conferva. Dillw. Conjugata angulata. Vauch. Hab. fossés, étangs, Nantes. Printemps, été.

M. CAPUCINA. Ag. Leda. Mougeot, n° 793.

Bory. Zygnema. Duby, 977. Hab. fossés marécageux, Noirmoutier. Avril.

LEMANIA. Bory. Ann. Mus. Nodularia. Lynck.

L. FLUVIATILIS. Var. Fucina. Ag. L. Fucina. Bory. Nodularia fluviatilis. Lyngb. Chantransia fluviatilis. DC. Fl. fr. 2, p. 50. Polysperma. Vauch. Hab. sur les pierres, dans les courants rapides du Cens, au pont Marchand. Mai.

L. TORULOSA. Ag. Hook. Harv. Man. Hassall. Conferva. Roth. Lem. Incurvata. Bory. Ann. Mus. Hab. sur les pierres, courants rapides de la Moine, près Clisson.

BATRACHOSPERMUM. Roth. Bory. Ann. Mus.

B. ATRUM. Harv. Man. Hass. t. 16. B. Tenuissimum. Bory. B. Moniliforme. V. Detersum. Ag. Conferva atra. Dillw. t. 14. Hab. dans les marais de l'Erdre, sur les tiges de plantes submergées. Mai.

DRAPARNALDIA. Bory de Saint-Vincent, Ann. Mus. t. 12, p. 309.

D. GLOMERATA. Ag. Syst. Harv. in Hook. et Man. Batrachospermum. Vauch. conf. t. 12, f. 1. Hab. ruisseaux, marais, fossés, Nantes. Mai.

D. PLUMOSA. Ag. Syst. Harv. in Hook. et Man. Batrachospermum. Vauch. conf. t. 12, f. 2. Hab. ruisseaux, marais, étangs d'eau douce, Nantes. Printemps.

CLADOPHORA. Dillw. Conf. t. 13. Harv. Syn. G. XCI.

C. GLOMERATA. Var. Hass. p. 213, pl. 56 et 57. Cl. Brownii. Harv. Phyc. Synop. Sp. 289. Hab. Forme un feutre épais attaché aux pierres lisses, au fond de l'eau, dans les courants rapides de la Moine, Clisson. Juin.

C. RECTANGULARIS. Griff. Harv. Phycol. Syn. Sp. 292, t. 12. Conferva. Harv. in Hook. Addenda, p. x, et Man. C. Crouanii. Chauv. Desmaz. n° 1367. Hab. Jeté à la côte de Saint-Gildas. Septembre, octobre.

C. HUTCHINSIAE. Harv. Phycol. Synop. Sp. 294, t. 124. Conferva. Dillw. Conf. t. 109. Harv. in Hook. et Man. Hab. parasite, dans les flaques d'eau pure, à marée basse, et sur les rochers, Belle-Ile. Juin, septembre.

C. RUPESTRIS. Kutz. Harv. Phycol. Synop. p. 297, t. 180. Conferva. Dill. t. 23. Ag. Syst. Hab. le Croisic, sur les rochers. Septembre.

C. LOETEVIRENS. Kutz. Harv. Phycol. Synop. p. 298, t. 190. Conferva. Dillw. t. 148. Harv. Man. C. Sericea. Ag. Syst. C. Glomerata. V. Marina. Roth. Chloronitum sericeum. Gaill. Desmaz. 153. Hab. sur les rochers, pierres, coquilles, Batz, le Croisic. Juillet.

C. ALBIDA. Huds. Harv. Phycol. Synop. Sp. 294, t. 275. Hab. sur les rochers, les pierres plates, à marée basse, Croisic, Batz, Belle-Ile. Juillet.

C. LANOSA. Kutz. Harv. Phycol. Synop. Sp.

305, t. 6. Conferva. Roth. Cat. 3, p. 291, t. 9. Dillw. Conf. Harv. in Hook. et Man. Hab. sur les autres Algues, quelquefois sur les rochers, au Croisic. Mars.

C. ARCTA. Kutz. Harv. Phycol. Synop. Sp. 207, t. 135. Conferva. Dillw. Harv. Man. p. 139. Hab. les rochers exposés au choc des vagues, presqu'à marée basse, Belle-Ile, Juin.

C. FRACTA. Fl. dan. Dillw. Harv. Phycol. Synop. Sp. 313, t. 294. Hab. marais salants du Croisic et de Noirmoutier. Avril.

Cette espèce se présente souvent à la surface de l'eau, en forme de petites boules dont les fils sont d'autant plus serrés, qu'elles sont plus battues par le vent.

C. GLOMERATA. Hassall. Brit. Freshw. t. 56, 57. Conferva. L. Harv. Man. Dillw. t. 13. Chantransia. D.C. Prolifera. Vauch. conf. t. 10. Hab. Attaché aux pierres, dans les courants de la Moine à Clisson, et plus haut. Mai et juin.

Forme des rivières rapides, dépassant souvent un mètre de longueur.

C. CRYSTALLINA. Kutz. Sp. Alg. p. 401. Conferva. Roth. Cat. 1, p. 106 et 3, p. 239. Chauv. Alg. Norm. n° 57. C. Pura. Roth. Cat. 2, p. 221. Hab. pierres et parasite, bancs de zostera. Eté.

C. CRISPATA. Hassall. Brit. Freshw. t. 55, f. 1 et 2. C. Fracta. Var. Kutz. Conferva. Roth. E. Bot. 2350. Dillw. Conf. t. 93. Ag. Syst. Harv. in Hook. et Man. Hab. mares d'eau douce, Nantes. Avril.

RHIZOCLONIUM. Harv. Phycol. Synop. Gen. XCII.

R. RIPARIUM. Kutz. Harv. Phycol. Synop. Sp·
4, t. 238. Conferva. Roth. Cat. t. 2100. Dillw·
arv. in. Hook. et Man. Conf. perreptans Carm·
arv. in Hook. B, F. p. 353. Hab. sur les ro-
ers couverts de sable, à marée haute, Batz
oire-Inférieure). Mars.

CONFERVA. Ag. Syst. Harv. Phycol. Synop.
en. XCIII.

C. LINUM. Roth. Cat. Lyngb. t. 50. Harv.
yc. Synop. Sp. 319, t. 150. Duby, p. 983. C.
assa. Ag. C. Capillaris. Dillw. t. 9. Hab. mais salants du Pouliguen.

C. CEREA. Dillw. t. 80. Harv. in Hook. et Man·
Phycol. Synop. Sp. 324, t. 99. Lyngb. t. 51.
ab. sur les rochers ou sur les pierres cou-
rtes de sable, dans les flaques peu profondes
dans les petits courants. Croisic, Batz. Avril,
tobre.

C. YOUNGANA. Dillw. Conf. t. 102. Harv. in
ook. et Man. et Phycol. Sp. 327, t. 328. Ag.
st. C. Isogona. E. Bot. t. 1930. Hab. rochers
pierres lisses, à marée haute. Batz (Loire-
férieure). Mars.

HYDRODYCTION. Bot. Vauch. D.C.

H. UTRICULATUM. Roth. Hyd. Pentagonum.
uch. Conferva reticulata. Linn. Hab. fossés,
res d'eau douce. Nantes. Août.

ZYGOGONIUM ERICETORUM. Kutz. Hassall.
41 Conferva. Roth. Cat. Dillw. t. 1. Harv. in
ook. et Man. Grev. t. 261, f. 1. Hab. landes
mides de la Loire-Inférieure. Printemps.

ORDRE XVIᵉ. ULVACEAE.

ENTEROMORPHA. Harv. Phycol. Syn. G. XCV.

E. COMPRESSA. Linn. Ag. Sp. non Alg. europ. t. 16. Grev. Hook. Harv. Phyc. Synop. Sp. 382, t. 335. Hab. rochers, pierres. Croisic. Juillet.

E. ERECTA. Hook. Harv. Man. et Phycol. Synop. Sp. 334, t. 43. E. Clathrata. V. Eracta. Grev. Scytosiphon. Lyngb. Solenia clathrata. V. Confervidea. Ag. Hab. pierres, coquilles. CC. dans le trait, au Croisic. Juillet, août.

E. CLATHRATA. Var. Grev. Hook. Harv. Phyc. Synop. Sp. 335, t. 340. J. Ag. Ulva. Ag. Sp. Solenia. Ag. Syst. Zignoa. Endl. Conferva. Roth. Hab. étalé au Croisic.

ULVA. Lamour. Harv. Phycol. Synop. Gen. XCVI.

U. LACTUCA. Ag. Sp. Hook. Harv. Phycol. Synop. Sp. 341. Esper. Hab. rochers, pierres, et parasite. Croisic, Belle-Ile. Juillet.

U. LATISSIMA. Ag. Sp. Hook. Harv. Phycol. Synop. Sp. 340, t. 171. Hab. rochers, pierres, parasite. Mars.

U. LINZA. Linn. Ag. Sp. Hook. Harv. Man. et Phycol. Synop. Sp. 342, t. 29. Hab. sur les rochers, les pierres, au Croisic. Juillet.

U. CRISPA. Lightf. Ag. Sp. Hook. Harv. Man. Ulva terrestris. Roth. Lingbia. Duby. Hab. sur la terre, au pied des murs, sur les murs de la Houssinière, les toits de chaume. Printemps.

U. BULLOSA. Roth. Cat. Ag. Sp. Hook. Harv. Man. Hass. t. 78, f. 13. V. Minima. Vauch. Hab. fossés, mares, d'abord attaché et submergé, puis flottant. Nantes. Printemps.

U. INTESTINALIS. Linn. Ag. Sp. Enteromorpha intestinalis. Link. Hook. Harv. Man. et Phycol. Synop. Sp. 331, t. 154. Solenia. Ag. Syst. Hab. flaques des rochers, marais salants. Croisic, Belle-Ile. Eté. CC.

U. INTESTINALIS. Linn. Harv. Phycol. Synop. Sp. 331. Forme naine, croissant en gazon sur le rochers maritimes mouillés par l'eau douce des sources et au-dessus de la marée haute. Quelques individus représentent bien l'Enteromorpha cornucopiæ de Hook. Harv. Phycol. Synop. Sp. 330, t. 304. Hab. Belle-Ile, le Croisic.

PORPHYRA. Ag. Icon. Harv. Phycol. Synop. G. XCVII.

P. LACINIATA. Ag. Alg. Eur. t. 27. Hook. Harv. Man. et Phycol. Synop. Sp. 343, t. 92. Ulva. Ligbft. Hab. les rochers, surtout ceux exposés à la grande mer. Belle-Ile, le Croisic. Mars, septembre.

P. LACINIATA var. Umbilicata. Ag. Icon. Alg. Eur. t. 26. P. Laciniata. Hook. Harv. Hab. sur les moules, au Croisic. Mars.

P. VULGARIS. Ag. Icon. Alg. Europ. t. 28. Hook. Harv. Phycol. Synop. Sp. 344. Ulva.

Purpurea. Roth. Cat. t. 6. Ag. Sp. Hab. rochers, pierres, au Croisic. Mars.

P. LINEARIS. Grev. Hook. Harv. Man. Hab. rochers, à marée haute. Croisic. Mars.

BANGIA. Ag. Syst. 25 et 75. Harv. Phycol. Synop. G. XCVIII.

B. FUSCO-PURPUREA. Lyngb. Hyd. t. 24. Hook. Brit. Fl. Harv. Phyc. Synop. Sp. 345, t. 96 et Man. Chauv. Recher. p. 35. B. Atro-purpurea. Ag. Alg. Icon. Europ. t. 25. Conferva fusco-purpurea. Dillw. t. 92. C. Atro-purpurea. Roth. Cat. 3, t. 6. Dillw. Conf. t. 103. E. Bot. t. 2085. Hab. rochers maritimes, à marée haute. (Loire-Inférieure). Mars.

ORDRE XVIIᵉ. OSCILLATORIACEAE.

RIVULARIA. Roth. Cat. 1, p. 212. Harv. Phycol. Synop. Gen. XCIX.

R. ATRA. Roth. Cat. 3, p. 340. Ag. Syst. Harv. in Hook. et Man. et Phycol. Synop. Sp. 351, t. 239. Batrochospermum hemisphœricum. D.C. Fl. fr. 2, p. 591. Tremella. Linn. Sp. Hab. pierres, rochers. Croisic, Belle-Ile.

R. BULLATA. Bekr. R. Nitida. Ag. Syst. Harv. Phycol. Synop. Sp. 353. Ulva Bullata. D.C. Nostoc. Duby. Hab. rochers, à marée haute. Croisic. Septembre.

CALOTHRIX. Ag. Syst. Al. 24 et 70. Havr. Phycol. Syn. Genre CII.

C. CONFERVICOLA. Ag. Syst. Alg. xxiv et 70. Harv. Phyc. Syn. 356, t. 254. Conferva. Dillwin. Desmarestella. Bory. Oscillatoria. Lyngb. Hab. sur le Ceramium rubrum et autres Algues filamenteuses. Belle-Ile. Juillet.

C. PANNOSA. Ag. Harv. Phycol Synop. Sp. 361, t. 76. Hab. sur les rochers, à marée presque haute. Septembre.

LYNGBIA. Ag. Syst. xxiv et 73. Oscillatoria. Auct. Harv. Phycol. Synop. Gen. ciii.

L. MAJUSCULA. Harv. in Hook. Br. Fl. et Man. et Phycol. Synop. Sp. 365. L. Crispa. Ag. Conferva majuscula. Dilw. Oscillataria majuscula Desvaux. Hab. à marée presque haute, en plaques sur les pieds de Ruppia et de Zostera et sur plusieurs Fucus, dans les flaques élevées. Croisic. Août, septembre.

L. MURALIS. Ag. Syst. Harv. in Hook. et Man. Conferva. Dillw. Roth. Cat. Hass. Brit. Freshw. Alg. t. 59, f. 7. Desmaz. n° 105. Oscillatoria muralis. Lyngb. Mougeot, n° 597. Hab. dans les lieux ombragés, sur les murs, le bois mort ou vivant. Nantes. Hiver et printemps. Peupliers de la route de Rennes.

L. CARMICHAELII. Harv. in Hook. et Man. Hab. sur les rochers et sur plusieurs Fucus. Croisic, Saint-Nazaire, Mars. Juin.

L. FERRUGINEA. Ag. Syst. Harv. Phycol. Syn. Sp. 366. Hab. marais salants. Croisic. Juillet, novembre.

En juillet et août, cette plante forme, sur la

vase, des œillets, dans les marais, un velours d'un brun marron terreux. En septembre et octobre, les bulles d'air la font lever par mamelons, puis flotter à la surface, où elle s'étend en masses circulaires d'un brun jaunâtre, brunes au bord, par la croissance des filaments ; plus tard, cette couleur passe au vert plus ou moins foncé, au vert bleuâtre ou au vert clair trés-vif. C'est seulement après plusieurs mois de dessication que la plante jaune prendune couleur vert-de-gris.

FRAGILLARIA. Lyngb. Nematoplata. Bory de Saint-Vincent.

F. PECTINALIS. Lyngb. t. 63. Conferva pectinalis. Mull. Dillw, Diatoma. Fl. dan. t. 1503, f. 1. Harv. in Hook. et Man. Hass. Brit. Freshw. t. 95, f. 1, 4. Hab. ruisseaux, fossés d'eau douce. Nantes. Printemps.

DIATOMA. DC. Fl. fr. 2, p. 48. Lyngb. Bory.

D. MARINUM. Lyngb. Hyd. t. 62. Ag. Syst. Grev. in Hook. Harv. Man. Hab. sur les Algues filiformes. Croisic. Printemps, Automne.

LICMOPHORA. Ag. Grev.

L. FLABELLATA. Ag. Grev. in Hook. Br. Fl. Harv. Man. Exilaria. Grev. Scot. Crypt. t. 289. Hab. ordinairement à marée presque haute, parasite, sur plusieurs Algues, dans les flaques et sur les feuilles de Zostera et de Ruppia. Croisic. Septembre, octobre.

HOMOEOCLADIA. Grev. Hook. Harv.

H. ANGLICA. Ag. Grev. in Hook. Brit. Flora.

Harvey Man. Desmaz. Crypt. nº 1469. Hab. en touffes sur les rochers, les pierres, dans le voisinage de la vase, à marée basse, dans les fossés des marais salants du Croisic. Septembre, octobre.

STRIATELLA. Ag. Diatoma. Grev.

S. UNIPUNCTATA. Ag. Kutz. Harv. Man. Diatoma. Ag. Syst. Grev. in Hook. Achnantes. Grev. Scot. Crypt. t. 287. Fragillaria. Lyngb. Hab. sur les Algues filamenteuses. Noirmoutier, Belle-Ile, le Croisic. Eté.

ISTHMIA. Harv. Man. p. 200. Diatoma. Duby, p. 990.

I. OBLIQUATA. Harv. Man. I. Enervis. Kutz. Al. p. 135. Diatoma. Duby, p. 990. Ag. Conferva. Fl. Bot. t. 1809. Hab. sur plusieurs petites Algues. Belle-Ile. Juin.

ANABAINA. Bory. Dict. Cl. Icon.

A. FLOS AQUAE. Bory, ex Harv. Man. p. 186. Kutz. Alg. 289. Nostoc. Lyngb. Hyd. Hab. flottant à la surface d'une mare d'eau douce. Croisic. Mai.

SPHOEROZIGA. Harv. Phyc. Syn. Gen. CVIII.

S. CARMICHAELII. Harv. Phycol. Synop. Sp. 81, t. 113. Betonia torulosa. Carm. in Hook. Brit. Fl. Harv. Man. Hab. à marée basse, sur la couche formée sur les pierres couvertes de vase par les Algues filamenteuses en décomposition. Juin.

OSCILLARIA. Bosc. Bory. Dict. Class. 1, p. 94 et 12, p. 457. Oscillatoria. Vauch.

O. PRINCEPS. Ag. Syst. 67. Duby, 993. Chauv. Alg. Norm. n° 31. O. Tœnioïdes. Bory. Dict. Class. Dillw. Musc. t. 2 , f. 4. Hab. dans les eaux tranquilles. La Moine, à Clisson. D. Bourgault, Delamarre, Pradal. Juillet.

O. OERUGINOSA. Ag. Synop. 100. O. OEstuarii. Lynbg. Lyngbia. OEruginosa et L. Ferruginea. Ag. Syst. Hab. les marais salants, au Croisic.

O. AUTUMNALIS. Ag. Syst. p. 62. Grev. p. 305. Harv. Man. p. 165. Hass. p. 251. Chauv. Alg. Norman. n° 29. Microcoleus terrestris. Duby, 992. Desmaz. n° 55. Hab. sur la terre, au pied des murs. Automne.

O. NIGRESCENS. Bory in Mougeot, n° 792. O. Nigra. Vauch. t. 15, f. 4. Hassal. pl. 71, f. 3. Hab. sur le bord des ruisseaux.

O. VIRIDIS. Vauch. Confer. t. 15 , f. 7. Mougeot, n° 098. Tenuis. Grev. Hass. p. 248, pl. 72, f. 1. Hab. sur les fossés humides. Automne, Hiver.

O. PARIETINA. Vauch. Conf. t. 15, f. 8. Duby, 993. O. Adansoni. Bory. O. Autumnalis. Chauv. Lyngb. Hab. dans les marais, sur les murs humides. Automne.

O. CORIUM. Ag. Syst. 64. Grev. Fl. éd. p. 300. Duby, 994. Harv. Man. Hab. au pied des murs humides ; commun dans la rue de Bel-Air. Hiver.

TABLE

DU CATALOGUE DES PLANTES CRYPTOGAMES.

Nantes, Imp. de Mme veuve C. Mellinet.